秋季膳食

《本草·膳——五季调身》第四册

首席专家 刘学文

主编 刘福龙 方振伟

人民体育出版社

图书在版编目（CIP）数据

秋季膳食 / 刘福龙，方振伟主编. --北京：人民体育出版社，2020（2022.4重印）

（本草·膳. 五季调身；第四册）

ISBN 978-7-5009-5771-3

Ⅰ.①秋… Ⅱ.①刘… ②方… Ⅲ.①保健—食谱 Ⅳ.①TS972.161

中国版本图书馆CIP数据核字（2020）第051581号

*

人民体育出版社出版发行
北京建宏印刷有限公司印刷
新 华 书 店 经 销

*

787×1092　16开本　10.75印张　186千字
2020年11月第1版　2022年4月第2次印刷

*

ISBN 978-7-5009-5771-3
定价：248.00元（全书共五册）

社址：北京市东城区体育馆路8号（天坛公园东门）
电话：67151482（发行部）　　　邮编：100061
传真：67151483　　　　　　　　邮购：67118491
网址：www.sportspublish.cn

（购买本社图书，如遇有缺损页可与邮购部联系）

导 言

本书把草药与膳食结合起来，意在创造一种"本草·膳"文化。简单地说，就是将通常苦涩的药品变成可口的食物，使人们在享受美食的同时达到祛病强身的目的。

本书又把药食与季节结合起来，强调随季节变化更换食物以调身。古老的中医学根据五行学说，对应食品之五味和人体之五脏，将自然界的季节也划分为五季，即将我国大部区域之漫长的夏季拆分为夏和长夏两季。其理论认为，春季重在助人体之生，夏季重在助人体之长，长夏重在助人体之化，秋季重在助人体之收，冬季重在助人体之藏。

本书依据中医学调身理论，在以国家级名老中医刘学文教授为首的《本草·膳——五季调身》专家委员会的鼎力帮助下，历时八年，以150多种可用于保健的草药与大众食材配伍，或研制或收录了870多个饮食品种，力求为广大现代家庭提供既丰富多彩又养生健体的新型膳食。

为方便阅读，本书依季节分为五册，分别为《春季膳食》《夏季膳食》《长夏膳食》《秋季膳食》和《冬季膳食》。第一册首设"序"，第五册末设"跋"，不重复列。各册正文始均有"开篇"，各册正文末均有"结语"，以突出各册之重点。

　　为方便检索，在各册末均安排了该册的"食材索引"和"膳食辅助性治疗索引"。在此有必要说明，尽管书中列出的食疗方多源于中医师的长年经验，且均符合《卫生部关于进一步规范保健食品原料管理的通知》要求，但仍应因人、因时、因病而异，故只能作为参考。

主编者

于2019年10月

目 录

开篇　秋食以收　　　　　　　　　　　　　1

白芷　　　　　　　　　　　　　　　　　　2

　　　白芷配胖头鱼头　祛风通络，活血止痛　3
　　　白芷配桃花　　　活血化瘀，美容养颜　4
　　　白芷配香菇　　　益气健脾，祛风和血　5
　　　白芷配青茶　　　清热解毒，通络止痛　6
　　　白芷配羊肉　　　温中暖下，祛风散寒　7

桑叶　　　　　　　　　　　　　　　　　　8

　　　桑叶配青茶　疏散风热，生津止渴　　　9
　　　桑叶配猪肝　清肝明目，疏肝降气　　　11
　　　桑叶配韭菜　润肠通便，疏肝降气　　　12
　　　桑叶配鸡蛋　益气健脾，清热平肝　　　12
　　　桑叶配粳米　清热泻火，滋阴益气　　　13

金银花　　　　　　　　　　　　　　14

　　　金银花配茼蒿　　清热解毒，解暑生津　　15
　　　金银花配粳米　　清热解毒，健脾益气　　16
　　　金银花配丝瓜　　清热解毒，活络通经　　18
　　　金银花配黄酒　　清热解毒，消肿止痛　　18

鱼腥草　　　　　　　　　　　　　　19

　　　鱼腥草配鸡蛋　　清泄肺热，益气养阴　　20
　　　鱼腥草配白酒　　活血祛瘀，清热解毒　　20
　　　鱼腥草配莴笋　　清热利肺，化痰排脓　　21

蒲公英　　　　　　　　　　　　　　23

　　　蒲公英配粳米　　清热解毒，消肿散结　　24
　　　蒲公英配玉米须　清热解毒，利水消肿　　24
　　　蒲公英配黑豆　　清热散结，消肿止痛　　26
　　　蒲公英配白萝卜　清肝泄肺，宽中止痛　　27

白茅根　　　　　　　　　　　　　　28

　　　白茅根配莲藕　　止咳平喘，润肺化痰　　29
　　　白茅根配粳米　　清热泄火，凉血止血　　29
　　　白茅根配金针菇　清热解毒，凉血止血　　30

白茅根配鸭肉	补虚清热，利水消肿	31
白茅根配西瓜翠衣	清热润肺，止咳通淋	32
白茅根配猪肉	清热祛湿，健脾益气	33
白茅根配黑小豆	利水消肿，清热通淋	33
白茅根配鲜马兰头	凉血止血，清泄心火	34

侧柏叶　　　　　　　　　　　　　　　　　35

侧柏叶配粳米	凉血止血，补脾益气	36
侧柏叶配鸡蛋	凉血止血，健脾益气	36
侧柏叶配猪蹄	凉血止血，乌发生发	37
侧柏叶配面粉	凉血止血，健脾养阴	38
侧柏叶配白酒	通利耳目，滋养脏腑	39

白芨　　　　　　　　　　　　　　　　　　40

白芨配猪肺	补虚润肺，收敛止血	41
白芨配莲藕	清热凉血，收敛肺气	41
白芨配糯米	健脾益胃，收敛止血	42
白芨配燕窝	润肺养阴，止咳平喘	43

罗汉果　　　　　　　　　　　　　　　　　44

罗汉果配猪肉	清肺润燥，补虚止咳	45
罗汉果配柿饼	清热利咽，润肺止咳	46

胖大海　　　　　　　　　　　　　　　47

胖大海配白糖　清热利咽，生津止咳　　48
胖大海配银耳　利咽润肺，补气生津　　49
胖大海配冰糖　清热泻火，利咽止痛　　50

川贝母　　　　　　　　　　　　　　　51

川贝配雪梨　清热润肺，止咳化痰　　52
川贝配冰糖　清肺润燥，化痰止咳　　54
川贝配冬瓜　润肺化痰，清肺降火　　55
川贝配甲鱼　滋阴清热，润肺止咳　　56
川贝配鸭肉　润肺养胃，化痰止咳　　57

竹茹　　　　　　　　　　　　　　　　58

竹茹配绿豆　健脾和胃，化湿止呕　　59
竹茹配柿饼　健脾行气，降逆止呃　　60
竹茹配冰糖　清泄胃热，降气止呃　　61
竹茹配粳米　清泄胃热，除烦止呕　　62

桑白皮 63

桑白皮配粳米　健脾益气，化痰平喘　64
桑白皮配红糖　补血滋阴，润肺降气　65

浙贝母 67

浙贝母配粳米　化痰散结，清泄肺热　68
浙贝母配冰糖　清热化痰，降气止咳　69

杏仁 70

杏仁配甲鱼　滋阴清热，降气止咳　71
杏仁配鲫鱼　补脾益肺，降气化痰　71
杏仁配柿饼　降逆止咳，润肺下气　72
杏仁配冰糖　润肺化痰，止咳平喘　73
杏仁配猪肺　滋阴补肺，降气平喘　74
杏仁配小米　益气润肺，止咳化痰　75
杏仁配核桃仁　润肺止咳，润肠通便　75
杏仁配粳米　止咳化痰，健脾益气　76
杏仁配豆腐　润肺健脾，降气止咳　77
杏仁配雪梨　润肺止咳，清热利咽　78
杏仁配板栗　益气润肺，行气通便　79
杏仁配羊肉　温阳补虚，降气平喘　80

白果　　　　　　　　　　　　　　　　　　　81

　　　白果配白蘑菇　润肺止咳，健脾益气　　82
　　　白果配乌骨鸡　温补脾肾，除湿止带　　82
　　　白果配鸡肉　　益气补血，滋阴润肺　　83
　　　白果配豆腐　　健脾养胃，化痰止咳　　84
　　　白果配白酒　　补肾益气，涩精止遗　　85
　　　白果配鸡蛋　　补益肾气，收涩止带　　85
　　　白果配腐竹　　补益肺肾，燥湿止带　　86
　　　白果配鸭肉　　补肾润肺，止咳平喘　　88
　　　白果配猪肘　　健脾益气，定喘止带　　89

紫苏子　　　　　　　　　　　　　　　　　　90

　　　紫苏子配粳米　润肺止咳，行气通便　　91

百合　　　　　　　　　　　　　　　　　　　93

　　　百合配糯米　　润肺止咳，养心安神　　94
　　　百合配白糖　　清热除烦，养心安神　　96
　　　百合配绿豆　　清热解暑，养阴生津　　96
　　　百合配鲤鱼　　补中益气，利水消肿　　97
　　　百合配猪肉　　益气健脾，润肺止咳　　98
　　　百合配银耳　　润肺止咳，降气化痰　　99
　　　百合配羊肉　　养阴补肺，养心安神　　100

天门冬 101

天门冬配粳米　滋阴清热，补益肺肾	102
天门冬配米酒　滋阴降火，润燥止咳	103
天门冬配芹菜　滋阴润肺，润肠通便	103
天门冬配洋葱　滋阴清热，润肺止咳	104
天门冬配黄瓜　滋补肺胃，清热利尿	105
天门冬配胡萝卜　健脾益肺，滋阴利水	106
天门冬配黑豆　滋阴润燥，美容养颜	107
天门冬配白萝卜　滋阴润肺，消食祛痰	108

玉竹 109

玉竹配粳米　滋阴润肺，养胃生津	110
玉竹配猪心　养阴益胃，宁神益智	112
玉竹配竹笋　养阴清肺，美容养颜	113
玉竹配白蘑菇　滋阴清肺，生津止渴	114

北沙参　　　　　　　　　　　　　　　　115

　　北沙参配粳米　养阴清热，健脾润肺　　116
　　北沙参配乳鸽　滋补肝肾，益气生津　　117
　　北沙参配银耳　养阴益气，清肺润燥　　118
　　北沙参配鲍鱼　养阴清肺，益胃生津　　119
　　北沙参配鳕鱼　养阴润肺，生津止渴　　120
　　北沙参配鹿肺　养阴润肺，止咳化痰　　121
　　北沙参配鸡蛋　滋阴润肺，健脾生津　　122
　　北沙参配鸭肉　养阴润肺，清热止咳　　123

麦门冬　　　　　　　　　　　　　　　　124

　　麦冬配冰糖　滋阴润肺，化痰止咳　　125
　　麦冬配粳米　滋养肺胃，清降虚火　　126
　　麦冬配西瓜　滋阴清热，益气生津　　127
　　麦冬配苦瓜　清热泄火，滋阴和胃　　128
　　麦冬配银耳　滋阴清热，润肺止咳　　129
　　麦冬配金针菇　滋阴健脾，清心宁神　　129
　　麦冬配海虾　益气生津，养阴和胃　　130
　　麦冬配白蚬子　补肺益肾，滋阴补虚　　131
　　麦冬配咖啡　养阴生津，润肺宁心　　132

五味子 133

五味子配冰糖　生津止渴，滋阴敛汗　134
五味子配猪肉　健脾益气，生津止渴　134
五味子配鸡蛋　温补脾肺，益气止咳　135
五味子配猪肺　敛肺止咳，益气养阴　136

结语 137

食材索引 138

膳食辅助性治疗索引 140

开篇

秋食以收

经云:"秋三月,此谓容平,天气以急,地气以明。""肺主秋,手太阴阳明主治,其日庚辛,肺苦气上逆,急食苦以泄之。"秋季万物成熟,阳气日去,阴寒日生,萧瑟日现,肺气清肃下降,遇秋而旺。肺属金,在色为白,在味为辛,在气为燥,属西方,秋季草木渐凋,雨水渐少,干燥之季又逆秋收之气则伤肺。故秋季养生以滋养肺脏、收敛神气为则,使肺气清、肺志宁。

本册涉及白芷、桑叶等药食同源类或可应用于保健食品类的中药23种,以期指导读者通过合理的膳食搭配达到秋季滋养肺脏,收敛神气及防治本季常见病的目的。

白芷

【来源】伞形科植物兴安白芷、川白芷及杭白芷干燥的根。

【性味归经】辛,温。归胃、大肠、肺经。

【功效与主治】祛风解表,辛通鼻窍,消肿止痛,燥湿排脓。主治感冒、风湿痹症、头痛、鼻渊等疾病。适用于外感风寒引起的头身疼痛、鼻塞流涕等症状,以及风邪或湿邪所致的眉棱骨痛、偏头痛、风湿痹痛、皮肤瘙痒,疥癣、鼻塞不通、浊涕不止、赤白带下等症状。

【药理成分】含有挥发油、白当归素、川白芷毒素、硬脂酸等。

【附注】阴虚血热者不宜单独食用。

白芷配胖头鱼头　祛风通络，活血止痛

白芷炖鱼头

【食药材】白芷5克，川芎3克，胖头鱼头500克，葱、胡椒、姜、料酒、盐等调味品适量。

【膳食制法】

1. 将白芷、川芎洗净加水煎煮15分钟后，去渣取汁备用。
2. 将鱼头洗净，同药汁、葱、胡椒、生姜、料酒放入砂锅。
3. 加水适量，用武火烧沸。
4. 以文火煮半小时，加盐调味，煮鱼头至熟，即可食用。

【功效与主治】祛风通络，活血止痛。适用于头痛、虚劳等疾病。对外感风寒、气滞血瘀或气血亏虚所致的鼻塞不通、头晕不适、前额疼痛、痛如针刺、周身乏力、倦怠懒言等症状有一定疗效。

【膳食服法】餐时服用。

【医学分析】膳食中白芷辛温香燥，祛风解表，散寒止痛。川芎长于上行头目，旁达四肢，能祛风散寒、行气活血止痛。白芷为治头痛要药，对风寒、风热、风湿、血瘀均有良效。本方对痹证和瘀血证，亦为常用。胖头鱼能养胃补血、祛除头目眩晕，与芎芷配伍使用，能降低其温燥辛烈之性，使之祛风止痛而阴血无伤。三味相配共奏祛风通络、活血止痛之效。若风寒束表，卫气不能宣达，则证见恶寒身痛；头为清空之府、诸阳之会，五脏六腑之气血上注于头，外邪循经上犯，阻遏气血上奉，则头痛；若风邪留而不去，则生头风，久痛不止；鼻为肺窍，外邪犯肺，鼻窍随之不利，则见鼻塞不通、浊涕不止。治宜祛风散寒止痛。故服用本品对气滞血瘀等原因所导致的头痛、虚劳等病症有一定疗效。

【附注】川芎活血力强，故平素患失血及妇女月经过多者慎用。

白芷配桃花　活血化瘀，美容养颜

【食材介绍——桃花】

桃花，为蔷薇科植物桃或山桃的花。桃花含有山柰酚、香豆精、三叶豆甙、柚皮素、桃皮素等多种成分。中医认为，桃花味苦、性平，归心、肝、大肠经，具有泻下通便、利水消肿的功效。现代医学研究表明，桃花能扩血管、改善血液循环、增加皮肤营养、润泽肌肤，防止黑色素在皮肤内沉积，能有效预防黄褐斑、雀斑等皮肤病。桃花中含有大量的膳食纤维，刺激胃肠蠕动，促进排便排毒，同时桃花有良好的泻下作用，还有助于减肥。桃花还能利尿，常饮桃花茶可以有效清除尿路结石。桃花茶中的抗氧化物质，能清除体内的自由基，减缓衰老及美容养颜。一般人均可食用桃花，尤其适宜于便秘、黄褐斑、雀斑、皮肤粗糙、月经夹有血块等人群。孕妇、腹泻及尿频尿急者不宜单独食用。

白芷桃花酒

【食药材】白芷20克，桃花250克，白酒1000克。

【膳食制法】

1. 桃花选花蕾，择拣干净，放入净瓶，备用。
2. 将白芷洗净，切成薄片，晾干，放入瓶中。
3. 容器加入白酒，密封7日，每日摇动1次，即可饮用。

【功效与主治】活血化瘀，美容养颜。适用于经行腹痛、雀斑、积聚（良性肿瘤）等疾病。对气滞血瘀所致的肿块疼痛、行经腹痛、月经量少色暗、夹有血块、皮肤色素沉着等症状有一定疗效。现代医学研究表明，本方对痛经、子宫肌瘤、黄褐斑等病症有一定防治作用，久服可美容养颜。

【膳食服法】适量饮用。

白芷配香菇　益气健脾，祛风和血

白芷四味酒

【食药材】白芷20克，旋覆花15克，肉桂10克，秦椒15克，香菇50克，白酒2000克。

【膳食制法】

1. 将上述五味食药材洗净、晾干，用纱布包好，置净器之中。
2. 容器加入白酒，密封7日，每日摇动1次，即可饮用。

【功效与主治】温补脾肾，祛风和血。适用于耳鸣、咳喘、头痛等疾病。对脾肾阳虚所致的听力减退、头晕目眩、视物昏花、肢倦乏力、腰膝酸软、畏寒肢冷等症状，以及外感风寒所致的咳逆喘急、鼻流清涕、头部冷痛等症状有一定疗效。

【膳食服法】适量饮用。

白芷配青茶 清热解毒，通络止痛

美容亮白汤

【食药材】白芷6克，白蔹6克，苍术6克，白僵蚕6克，甘松5克，瓜蒌7克，皂角9克，白茯苓5克，桃仁6克，西瓜翠衣8克，丹参5克，橘核10克，浮萍6克，鹿角帽4克，生甘草7克，益母草12克，蝉蜕6克，防风5克，黄柏6克，紫草5克，浙贝母5克，黄芩6克，珍珠粉4克，竹叶2克，杜仲2克，当归3克，柴胡2克，黄连2克，玫瑰花10克，青茶2克。

【膳食制法】

1. 先分别将上述中药洗净，用纱布包好，放入砂锅，加水适量，武火烧开，文火煎煮30分钟，去渣取汁。

2. 用药汁冲泡青茶，即可饮用。

【功效与主治】祛斑通络，美容养颜。适用于雀斑者。对肌肤失于濡养或过于劳累所致的面部皮肤粗糙、皮肤干燥、皱纹增多、毛孔粗大、面色无华、色素沉着等症状有一定疗效。现代医学研究表明，本方对雀斑、皮肤干燥、黄褐斑等病症有一定防治作用。

【膳食服法】早餐后十分钟服用。

白芷配羊肉 温中暖下，祛风散寒

白芷羊肉汤

【食药材】羊肉500克，白芷10克，姜3片，料酒6克，醋6克，香菜、盐、味精等调味品适量。

【膳食制法】

1. 羊肉洗净，切块，汆水，冲洗干净。

2. 白芷洗净备用。

3. 锅里放入羊肉、白芷、姜片、料酒、醋，加入适量水；大火烧开，转小火，炖一个半小时即可。

4. 盛入碗里，放入适量的盐、味精，撒上香菜，即可食用。

【功效与主治】温补脾肾，祛风散寒。适用于虚劳、腹痛等疾病。对脾肾两虚、肺卫不固所致的畏寒怕冷、头晕头痛、腰膝冷痛、小便不利、大便溏薄、乏力懒言、蜷卧嗜睡等症状有一定疗效。

【膳食服法】餐时服用。

桑叶

【来源】桑科植物桑树干燥的叶。

【性味归经】甘、苦，寒。归肺、肝经。

【功效与主治】疏散风热，清肝明目。适用于风热感冒或风温初起所致的发热头痛、汗出恶风、咳嗽胸痛等症状，以及肺燥津亏所致的干咳少痰、咽干口渴和肝阳上扰所致的头晕目眩、目赤肿痛、多泪等症状。此外，对于血热吐血、脚气水肿、盗汗也疗效颇佳。

【药理成分】含有挥发油、槲皮素、芸香苷、氨基酸、维生素、异槲皮素等。

【附注】脾胃虚寒、表虚自汗及肺虚喘咳者不宜单独食用。

桑叶配青茶　疏散风热，生津止渴

【食材介绍——青茶】

　　青茶，又名乌龙茶，由山茶科植物茶的芽叶制作而成，属半发酵茶。青茶含有咖啡碱、茶多酚、维生素C、维生素E、氨基酸、铁、锰、铜等多种成分。中医认为，青茶归肺经，具有清宣燥热、润养肺脏的功效。现代医学研究表明，青茶中的咖啡碱可以兴奋大脑，促使注意力集中，加强思维反应能力，提升记忆力。咖啡碱有良好的利尿效果，可加速体内代谢物排出体外；咖啡碱还能促进胃液分泌，有助消化与分解脂肪。青茶中的活性物质可以显著提高SOD酶的活性，起到延缓衰老、润泽皮肤的作用。常饮青茶有助于溶解脂肪，提高能量代谢，从而降低人体内胆固醇含量，有利于缓解心脑血管疾病，也有利于减肥。饮用青茶还可除油腻，增进食欲。青茶含有茶多酚，其具有很强的抗氧化作用，可以清除人体自由基，有延缓衰老的功效；茶多酚可以调节人体脂肪代谢，防治动脉硬化。此外，青茶还有抗癌、杀菌的功效。一般人均可饮用青茶，尤其适宜于高血压、冠心病、动脉硬化、肥胖等人群。胃肠功能较差、神经衰弱、失眠、哺乳期妇女及贫血者不宜单独饮用。

疏风清热茶

【食药材】桑叶3克，竹叶2克，菊花2克，白茅根2克，薄荷2克，青茶15克。

【膳食制法】
1. 将以上六味中药洗净，用纱布包裹，放入养生壶内。
2. 壶内加清水适量，开水煮10分钟，即可饮用。

【功效与主治】疏散风热，清热生津。适用于风热感冒等疾病。对外感风热所致的身体发热、目赤咽痛、头痛头晕、口渴咽干、心烦失眠、恶寒发热等症状有一定疗效。

【膳食服法】代茶饮。

【医学分析】膳食中菊花、桑叶配伍使用，是具有协同作用的常用药对。本方病机为风热之邪入侵肺卫。邪在卫分，正邪抗争，症见发热；风热上扰，则会头昏、头痛、目赤、咽痛；若邪热内盛，则心烦、口渴。治疗时宜外疏风热，内清火邪。二药不仅能疏散卫分风邪，还能清泄肺中热邪，且长于清头目、利咽喉。此外，菊花还具有清热解毒之功，而桑叶具有润肺止咳之效，共为治外感风热之良药。薄荷性味辛凉，善于外散风热、透汗解表，并且能够清头目利咽喉。青茶可清内热。诸药配伍，可明显地增强桑叶、菊花的宣散风热之力。因其发汗力较强，故其用量稍轻，以防过汗而耗伤气津。竹叶、茅根为清热生津之品，本方中用之，意在清泄肺胃心胸之郁热，以除烦止渴，为治疗兼证之辅助药物。六味均为气味辛甘之品，是以药代茶的常用之物，诸味相配共奏疏散风热、清热生津之效。故饮用本品对外感风热所致的感冒等病症有一定疗效。

桑叶配猪肝　清肝明目，疏肝降气

【食材介绍——猪肝】

猪肝，为猪科动物猪的肝脏。猪肝含有蛋白质、脂肪、碳水化合物、核黄素、尼克酸、钙、铁、锌、铜等多种成分。中医认为，猪肝味甘、苦，性温，归脾、胃、肝经，具有补肝、明目、养血的功效。现代医学研究表明，猪肝富含铁元素，是良好的补血食物，常食用猪肝可改善缺铁性贫血状态。猪肝中维生素A的含量极其丰富，可维持正常视力，防治夜盲症，维持正常生长和生殖机能。猪肝中还具有维生素C和硒，能抗氧化、防衰老，提升人体的免疫能力。一般人均可食用猪肝，尤其适宜于缺铁性贫血、夜盲、干眼症等人群。心脑血管疾病及肥胖症者不宜单独食用。

桑叶猪肝汤

【食药材】桑叶5克，猪肝100克，盐等调味品适量。

【膳食制法】

1. 将桑叶用纱布包好，备用。
2. 猪肝洗净，再切成薄片，置入砂锅，加水适量。
3. 武火烧开，放入纱布包，煮至肝熟，去除纱布包，加盐调味，即可食用。

【功效与主治】清肝明目，疏肝降气。适用于眩晕、夜盲等疾病。对肝火上炎所致的头痛眩晕、目赤疼痛、羞明流泪、视物不清、口苦咽干、急躁易怒等症状有一定疗效。本方久服，对改善视力有一定作用。

【膳食服法】餐时服用。

桑叶配韭菜　润肠通便，疏肝降气

桑叶韭菜猪肉包子

【食药材】鲜桑叶200克，韭菜200克，猪肉200克，姜末5克，面粉250克，酵母、盐、酱油、料酒、香油等调味品适量。

【膳食制法】

1. 桑叶洗净，切宽丝，入开水中焯，捞出冲凉，攥干水分，切碎。

2. 猪肉切丁，用姜末、酱油、料酒和香油拌匀，腌制30分钟。韭菜摘洗干净，沥干水分，切细末。将桑叶、猪肉、韭菜混匀，加盐、油调馅。

3. 将酵母、面粉、适量水混合揉成面团，发面，制好包子皮，包好包子。

4. 冷水下锅，武火烧开，上汽后15分钟关火，虚蒸5分钟，即可食用。

【功效与主治】润肠通便，疏肝降气。适用于感冒、头痛、便秘等疾病。对外感风热所致的发热头痛、汗出恶风、咳嗽胸痛等症状，以及肝阳上扰所致的目赤肿痛、视物昏花、眼干多泪和肠道失于濡润所致的大便干结等症状有一定疗效。

【膳食服法】餐时服用。

桑叶配鸡蛋　益气健脾，清热平肝

炸桑叶

【食药材】鲜桑叶300克，鸡蛋150克，小麦面粉50克，椒盐、菜籽油等调味品适量。

【膳食制法】

1. 将鲜桑叶洗净，备用。

2. 将鸡蛋、盐、面粉调成面糊。

3. 将桑叶于面糊中拖过，两边都粘上面糊。

4. 入热油锅中炸桑叶面糊至微黄色起锅，装盘，用桑叶蘸取椒盐，即可食用。

【功效与主治】益气健脾，清热平肝。适用于虚劳、泄泻、感冒等疾病。对脾胃虚弱所致的肢倦乏力、便溏泄泻、少气懒言和外感风热所致的发热头痛、汗出恶风、咳嗽胸痛等症状，以及肝阳上扰所致的目赤肿痛、视物昏花、目涩多泪等症状有一定疗效。

【膳食服法】餐时服用。

桑叶配粳米　清热泻火，滋阴益气

桑叶荷叶粳米粥

【食药材】鲜桑叶10克，鲜荷叶1张，粳米100克，砂糖等调味品适量。

【膳食制法】

1. 将鲜桑叶、鲜荷叶洗净，荷叶切丝，纱布包好，放入砂锅，加水适量，武火烧开，文火煎煮30分钟，去渣取汁。

2. 将粳米洗净入砂锅，加入药汁，加水适量，武火烧开，文火煮至粥将熟，加入砂糖煮至粥熟，即可食用。

【功效与主治】清热泻火，滋阴益气。适用于感冒、肥胖症等疾病。对脾虚湿盛所致的肢体倦怠、少气懒言、身体肥胖、周身困重等症状，以及风温初起所致的发热头痛、汗出恶风、咳嗽胸痛等症状有一定疗效。本方久服，对瘦身有一定效果。

【膳食服法】餐时服用。

金银花

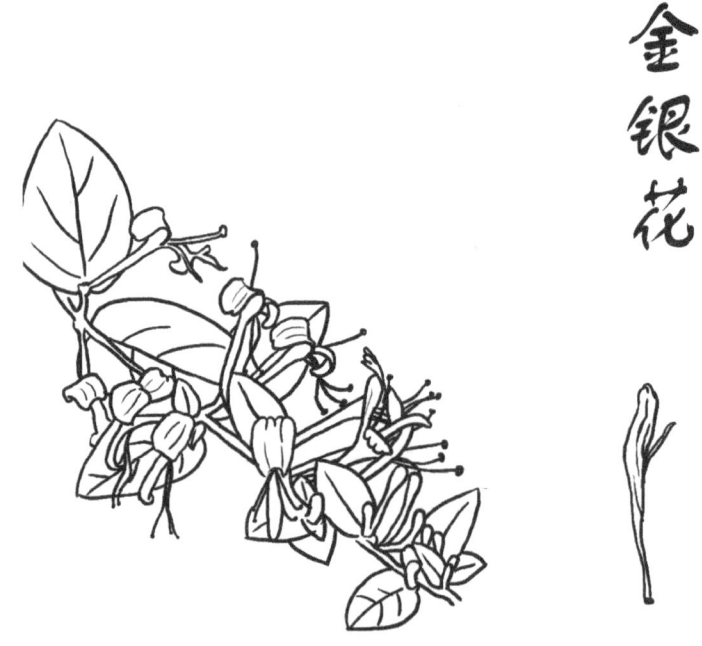

【来源】忍冬科植物忍冬、毛花柱忍冬、红腺忍冬或山银花的干燥的花蕾。

【性味归经】甘，寒。归肺、心、胃经。

【功效与主治】清热解毒，消痈散肿，凉血止痢。适用于温病初起所致的恶寒发热、口渴咽干、头身疼痛等症状，以及热毒蕴结所致的疮痈肿痛、下痢脓血、咽喉肿痛等症状。

【药理成分】含有挥发油、绿原酸、白果酸、异绿原酸、皂苷、黄酮类等。

【附注】金银花适合于体质平和或者体质内热者服用。

金银花配茼蒿 清热解毒，解暑生津

【食材介绍——茼蒿】

茼蒿，又名蓬蒿，为菊科植物。茼蒿含有蛋白质、碳水化合物、挥发油、维生素C、胡萝卜素、粗纤维、钠、钾等多种成分。中医认为，茼蒿味辛、甘，性平，归脾、胃经，具有和脾胃、利二便、消痰饮的功效。现代医学研究表明，茼蒿含有的挥发油，可以刺激唾液分泌，有助于消食开胃、增加食欲，同时其所含粗纤维可以促进胃肠道蠕动，起到通便排毒的作用。茼蒿含有多种氨基酸及大量的维生素等物质，营养丰富，常食茼蒿可以有效防治营养摄入不足。茼蒿有良好的消炎及止咳作用，还能稀释分泌物的粘稠度，有利于止咳化痰。茼蒿有利尿成分，可促进消除体内水钠潴留，排出毒素和多余的水分，改善血液和水分代谢。茼蒿中的挥发油具有降血压的功效。一般人均可食用茼蒿，尤其适宜于便秘、水肿、高血压、咳嗽、咳痰等人群。腹泻者不宜单独食用。

金银花三鲜粥

【食药材】鲜金银花15克，鲜扁豆花6克，鲜茼蒿20克，粳米100克，食盐适量。

【膳食制法】

1. 将鲜金银花、鲜扁豆花加适量水榨汁，去渣取汁。
2. 鲜茼蒿洗净切细末备用。
3. 将粳米洗净入砂锅，加入药汁，加水适量，武火烧开，文火煮至粥将熟，加入茼蒿末、食盐，煮至粥熟，即可食用。

【功效与主治】清热泻火，化湿解暑。适用于中暑、感冒等疾病。对感受暑热所致的头晕目眩、心烦意乱、身体沉重、四肢倦怠等症状，以及外感风热所致的身体发热、口渴咽干、目赤头晕等症状有一定疗效。

【膳食服法】餐时服用。

【医学分析】膳食中金银花清热解毒、疏散风热、凉血止痢，适用于外感发热之咳嗽、肠炎、菌痢、麻疹、腮腺炎、败血症等疾病。扁豆花味甘，性平，无毒。其功效为理气健脾、和中化湿，主要适用于痢疾、腹泻、赤白带下等疾病。鲜荷蒿味甘、性凉，能入肝、胃经，功效主要为清热解毒、化痰、止咳平喘、凉血止血。三味合熬煮为粥，共奏清热泻火、化湿解暑之效。故服用本粥对暑湿犯表所导致的中暑、感冒等病症有一定疗效。现代医学研究表明，金银花具有很好的抗菌作用，能够降低血脂，改善冠状动脉的血液循环。

金银花配粳米　清热解毒，健脾益气

【食材介绍——桔梗】

桔梗，又名包袱花、铃铛花，为桔梗科植物，常食用部分为桔梗的干燥根。桔梗含有桔梗皂甙、白桦脂醇、α-菠菜甾醇、菊糖、桔梗聚糖、维生素C、钠、钾、磷等多种成分。中医认为，桔梗味苦、辛，性平，归肺经，具有开宣肺气、祛痰排脓的作用。现代医学研究表明，桔梗中所含的桔梗皂苷对口腔、咽喉等具有刺激作用，可促进支气管黏膜分泌，进而稀释痰液，利于排痰；桔梗皂苷还能溶血。桔梗有镇咳、抗炎作用，还能抑制胃液分泌和抗溃疡。一般人均可食用桔梗，尤其适宜于咳嗽、肺炎、慢性支气管炎、咽喉炎等人群。

银花桔梗粥

【食药材】金银花10克,桔梗6克,粳米100克,冰糖适量。

【膳食制法】

1. 将金银花、桔梗洗净,用纱布包好,放入砂锅,加水适量,武火烧开,文火煎煮30分钟,去渣取汁。

2. 将粳米洗净入砂锅,加入药汁,加水适量,武火烧开,文火煮至粥熟,即可食用。

【功效与主治】清热解毒,健脾宣肺。适用于感冒、肺痈等疾病。对外感风热所致的肢体困重、头晕目眩、身体发热、鼻流浊涕等症状,以及肺痈初起所致的恶寒发热、咳嗽少痰、胸痛等症状有一定疗效。

【膳食服法】餐时服用。

【医学分析】膳食中桔梗味苦、辛,性平,能入肺经,功效为开宣肺气、祛痰排脓,适用于咳嗽痰多、咳痰不爽、胸膈痞闷、咽痛音哑等症。与金银花配伍使用,能起到疏风散邪、宣肺通气、清热解毒、祛痰止咳的作用。配伍能补中益气的粳米同煮为粥,亦有扶正祛邪、清热而不伤正的功效。三味相配共奏清热解毒、疏风宣肺之效。故服用本粥对肺痈初起、风热咳嗽以及肺炎初起等病症有一定疗效。

【附注】畏寒肢冷者慎用。

双花粳米粥

【食药材】金银花10克,粳米100克。

【膳食制法】

1. 将金银花洗净,用纱布包好,放入砂锅,加水适量,武火烧开,文火煎煮30分钟,去渣取汁。

2. 将粳米洗净入砂锅,加入药汁,加水适量,武火烧开,文火煮至粥熟,即可食用。

【功效与主治】清热解毒,消肿止痛。适用于感冒、泄泻等疾病。对外感风热所致的肢体困重、头晕目眩、身体发热、鼻塞流涕、大便溏薄、肛门灼热等症状有一定疗效。现代医学研究表明,本方具有一定杀菌作用。

【膳食食法】餐时服用。

金银花配丝瓜　清热解毒，活络通经

银花丝瓜饮

【食药材】金银花5克，茵陈3克，丝瓜20克，冰糖适量。

【膳食制法】

1. 将金银花、茵陈洗净，用纱布包好，放入砂锅，加水适量，武火烧开，文火煎煮30分钟，去渣取汁。

2. 丝瓜洗净，切丝，放入药汁，煮至丝瓜熟，加入冰糖调味，即可饮用。

【功效与主治】清热解毒，通经活络。适用于感冒、痹证等疾病。对外感风热所致的肢体困重、头晕目眩、身体发热、鼻塞流涕等症状，以及湿热痹阻关节所致的关节红肿、热痛难忍等症状有一定疗效。

【膳食服法】代茶饮。

金银花配黄酒　清热解毒，消肿止痛

金银花煮酒

【食药材】金银花30克，生甘草5克，黄酒50毫升。

【膳食制法】

1. 将金银花、生甘草洗净，并用纱布包好，放入砂锅，加水适量，武火烧开，文火煎煮30分钟，去渣取汁。

2. 药汁加入黄酒，煮至酒开，即可饮用。

【功效与主治】清热解毒，消肿止痛。适用于腹痛、痹证等疾病。对湿热痹阻所致的关节红肿、灼热不适等症状，以及湿热下注所致的肠鸣泄泻、肛门灼热等症状有一定疗效。

【膳食服法】适量饮用。

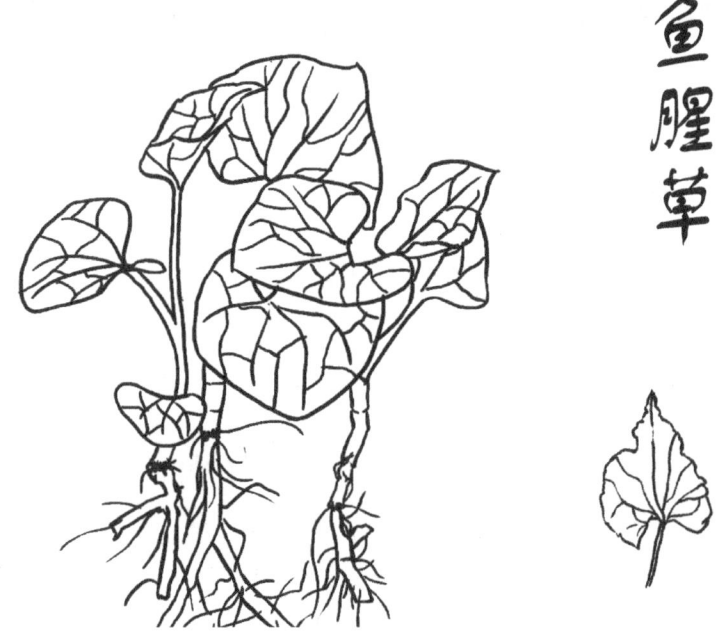

鱼腥草

【来源】三白草科植物蕺菜干燥的带根全草。

【性味归经】辛,微寒。归肺经。

【功效与主治】清热解毒,排脓消痈,利尿通淋。适用于痰热阻肺所致的肺痈、咳吐脓血等症状,以及湿热下注所致的热痢、热淋、湿疹、疥疮、痔疮等症状。

【药理成分】含有挥发油、癸酰乙醛、鱼腥草素、甲基正壬基酮、月桂烯、月桂醛、癸醛、芸香苷、绿原酸、油酸、亚油酸癸酸、金丝桃苷等。

【附注】虚寒体质者不宜单独食用。

鱼腥草配鸡蛋　清泄肺热，益气养阴

鱼腥草百合煮鸡蛋

【食药材】鱼腥草10克，百合6克，鸡蛋1枚。

【膳食制法】

1. 将鱼腥草、百合洗净，用纱布包好，放入砂锅，加水适量，武火烧开，文火煎煮30分钟，去渣取汁。

2. 将药汁煮沸，放生鸡蛋1枚，煮至蛋熟，即可食用。

【功效与主治】清泄肺热，益气养阴。适用于咳嗽、痹病、痔疮等疾病。对痰热阻肺所致的发热咳嗽、胸部疼痛、咳吐黄痰和湿热下注所致的大便黏腻、肛门灼热、便中带血等症状，以及湿热痹阻关节所致的关节灼热、疼痛难忍等症状有一定疗效。

【膳食服法】餐时服用。

鱼腥草配白酒　活血祛瘀，清热解毒

鱼腥草酒

【食药材】鱼腥草30克，白酒100毫升。

【膳食制法】

1. 将鱼腥草洗净、烘干备用。

2. 将鱼腥草放入白酒中，密闭封存7天，每日摇晃1次，即可饮用。

【功效与主治】祛瘀活血，清热解毒。适用于肺痈、腹痛等疾病。对痰热阻肺所致的发热咳嗽、胸部疼痛、痰多不止等症状，以及气滞血瘀所致的女子小腹疼痛、带下量多、味道腥臭、面色紫暗等症状有一定疗效。

【膳食服法】适量饮用。

鱼腥草配莴笋　清热利肺，化痰排脓

【食材介绍——莴笋】

莴笋，又名莴苣、春菜，为菊科植物。莴笋含有蛋白质、膳食纤维、碳水化合物、胡萝卜素、视黄醇、硫胺素、核黄素、尼克酸、维生素C、钾、钠、镁、硒等多种成分。中医认为，莴笋味苦、甘，性凉，归胃、小肠经，具有利尿、通乳、清热解毒的功效。现代医学研究表明，莴笋味道清新又兼有苦味，可刺激消化酶分泌，增进食欲。莴笋含有丰富的钾，常食莴笋有利于维持体内的水电解质平衡，对高血压、水肿等人群有一定的食疗作用。莴笋富含膳食纤维，可促进胃肠蠕动，利于大便排泄，防治便秘。莴笋含有一定量的氟元素，可促进牙和骨骼的生长发育。莴笋具有镇静作用，可有效消除紧张，改善睡眠状况。莴笋含有多种维生素和矿物质，常食之可有效补充人体微量元素的不足，改善机体素质，提高免疫力。一般人均可食用莴笋，尤其适宜于小便不通、水肿、便秘、产后缺乳汁、失眠、儿童、青少年等人群。眼病、腹泻等人群不宜单独食用。

鱼腥草拌莴笋

【食药材】鲜鱼腥草50克，莴笋250克，食盐、生姜末、葱丝等调味品适量。

【膳食制法】

1. 将鱼腥草去除杂质，洗净后，用沸水略焯捞出，加盐腌渍，沥水备用。
2. 莴笋去皮洗净，再切为粗丝，加盐腌渍，沥水备用。
3. 将鱼腥草、莴笋放入盆中，加生姜末、葱丝拌匀，即可食用。

【功效与主治】清热利肺，化痰排脓。适用于肺痈等疾病。对热毒瘀结所致的发热咳嗽、痰多粘稠、痰中带血、小便黄少、灼热涩痛等症状有一定疗效。

【膳食服法】餐时服用。

【来源】菊科植物蒲公英带根的嫩株全草。

【性味归经】苦、甘，寒。归肝、胃经。

【功效与主治】清热解毒，消肿散结，利湿通淋。适用于热毒蕴结所致的痈肿疮疡、肺痈吐脓、肠痈腹痛、小便淋沥涩痛及乳汁不畅等症状。现代医学研究表明，蒲公英有较强的杀菌消炎作用。

【药理成分】含有蒲公英固醇、蒲公英素、蒲公英苦素、蒲公英赛醇、胆碱、菊糖及果酸等。

【附注】阳虚外寒或脾胃虚弱者不宜单独使用。

蒲公英配粳米　清热解毒，消肿散结

蒲公英粥

【食药材】鲜蒲公英30克，粳米100克。

【膳食制法】

1. 将蒲公英切段，用纱布包好，放入砂锅，加水适量，武火烧开，文火煎煮30分钟，去渣取汁。
2. 将粳米洗净，放入锅中，加入药汁及适量清水。
3. 武火烧开，文火煮至粥熟，即可食用。

【功效与主治】清热解毒，消肿散结。适用于乳痈、喉痹、咳嗽等疾病。对热毒郁结所致的乳房肿痛、咽喉肿痛、声音嘶哑、咳嗽黄痰等症状，以及肝火上炎所致的目赤肿痛、口干口苦、心烦易怒、两胁胀痛等症状有一定疗效。

【膳食服法】餐时服用。

【附注】畏寒肢冷者慎用。

蒲公英配玉米须　清热解毒，利水消肿

【食材介绍——玉米须】

玉米须，为禾本科植物玉蜀黍的花柱和柱头。玉米须含有脂肪油、挥发油、皂甙、生物碱、维生素C、泛酸、维生素K、苹果酸、枸橼酸、酒石酸等多种成分。中医认为，玉米须味甘、淡，性平，归膀胱、肝、胆经，具有利尿消肿、清肝利胆的功效。现代医学研究表明，玉米须对末梢血管具有扩张作用，并有较好的利尿作用，故有降压效果。玉米须的发酵品具有良好的降血糖功效，玉米须制剂还有助于加速排泄胆汁，降低胆汁粘度，减少胆色素含量，

可作为利胆药用于胆囊疾病。玉米须制剂可加速血液凝固，增加血中凝血酶元含量，提高血小板数，既可止血又能利尿，多用于膀胱及尿路结石等疾病。此外，玉米须还有抗过敏、降血脂、降血糖的作用。一般人均可食用玉米须，尤其适宜于水肿、黄疸、慢性胆囊炎、胆管炎、糖尿病、血脂异常症、过敏性疾病、出血性疾病、膀胱及尿路结石等人群。

蒲公英玉米须粥

【食药材】鲜蒲公英30克，鲜玉米须30克，粳米100克，白糖适量。

【膳食制法】

1. 将鲜蒲公英切段，然后与鲜玉米须一同用纱布包好，放入砂锅，加水适量，武火烧开，文火煎煮30分钟，去渣取汁。

2. 将粳米洗净，放入锅中，加入药汁及适量清水。

3. 武火烧开，文火煮至粥将熟，加入白糖，搅拌均匀至粥熟，即可食用。

【功效与主治】清热解毒，利湿消肿。适用于疔疖、眩晕、水肿等疾病。对热毒郁结所致的乳房胀痛、咽喉肿痛、声音嘶哑、身上起痘、下肢水肿等症状，以及肝火上炎所致的目赤肿痛、口干口苦、心烦易怒、两胁胀痛、头晕不适等症状有一定疗效。

【膳食服法】餐时服用。

【医学分析】膳食中蒲公英清热解毒、消肿散结，主治乳痈、疔毒、痈疮、急性支气管炎、胆囊炎、急性结膜炎、尿路感染等疾病。玉米须具有利尿消肿、清肝利胆的功效。二药相配共奏清热解毒、利湿消肿之效。故服用本粥对湿热郁结所致的乳痈、疔毒痈疮、急性支气管炎、胆囊炎、急性结膜炎、尿路感染等病症有一定疗效。现代医学研究表明，玉米须具有利尿的作用，能够降压和降糖，对高血压及糖尿病有一定的预防作用。

【附注】畏寒肢冷者慎用。

蒲公英配黑豆　清热散结，消肿止痛

蒲公英黑豆粥

【食药材】鲜蒲公英30克，黑豆30克，粳米100克，冰糖适量。

【膳食制法】

1. 将蒲公英切段，黑豆打碎，用纱布包好，放入砂锅，加水适量，武火烧开，文火煎煮30分钟，去渣取汁。
2. 将粳米洗净，放入锅中，加入药汁及适量清水。
3. 武火烧开，文火煮至粥将熟，加入冰糖，搅拌均匀至粥熟，即可食用。

【功效与主治】清热散结，消肿止痛。适用于乳痈、淋证、眩晕、喉痹等疾病。对湿热郁结所致的乳房胀痛、咽喉肿痛、局部红肿、灼热疼痛和肝火上炎所致的目赤肿痛、口干口苦、头晕目眩、双目干涩、两胁胀满等症状，以及湿热下注所致的小便不利、短赤涩痛、下肢浮肿等症状有一定疗效。

【膳食服法】餐时服用。

【医学分析】膳食中黑豆味甘、性平，归脾、肾经，功效为健脾益肾。蒲公英利水消胀，活血解毒，尤其适宜于脾肾不足者。将两味与粳米同煮为粥，共奏清热解毒、消肿散结之效。故服用本粥对湿热郁结所致的疔毒疮肿、瘰疬等病症有一定疗效。

蒲公英配白萝卜　清肝泄肺，宽中止痛

公英橄榄萝卜粥

【食药材】蒲公英15克，橄榄20克，白萝卜50克，粳米100克，冰糖适量。

【膳食制法】

1. 将蒲公英、橄榄、白萝卜捣碎，用纱布包好，放入砂锅，加水适量，武火烧开，文火煎煮30分钟，去渣取汁。
2. 将粳米洗净，放入锅中，加入药汁及适量清水。
3. 武火烧开，文火煮至粥将熟，加入冰糖，搅拌均匀至粥熟，即可食用。

【功效与主治】清肝泄肺，宽中止痛。适用于便秘、喉痹、咳嗽、食积等疾病。对肝火犯肺所致的咽喉肿痛、口干口渴、声音嘶哑、咳嗽气逆、心烦失眠、头晕不适、两胁胀痛等症状，以及饮食积聚所致的脘腹胀满、呃逆作声、不欲饮食、大便酸臭和热邪郁阻肠道所致的大便干结、难以排出等症状有一定疗效。

【膳食服法】餐时服用。

【医学分析】膳食中橄榄味涩酸，性平，归肺、胃经，能清肺利咽、生津解毒，适用于咽喉肿痛、烦渴、咳嗽吐血、癫痫等疾病。白萝卜含有维生素C、磷、铁等，尤为适合孕妇、儿童及体弱多病者。以上两味与粳米同煮为粥，共奏清热解毒、消肿止痛之效。使用本品对火热上炎所致的喘证、喉痹、咳嗽等病症有一定疗效。

【附注】畏寒肢冷者慎用。

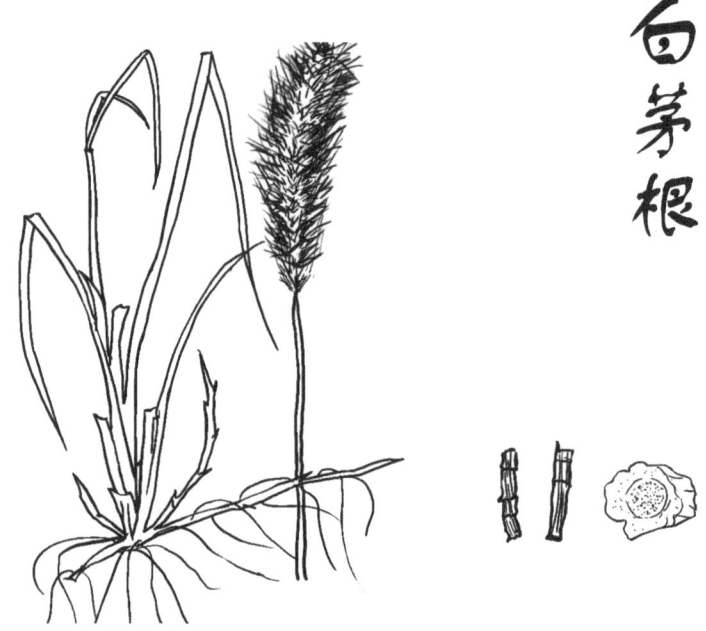

白茅根

【来源】禾本科植物白茅的干燥根茎。

【性味归经】甘，寒。归肺、胃、膀胱经。

【功效与主治】凉血止血，清热生津，利尿通淋。适用于血热妄行所致的衄血、吐血、尿血、血淋和肺胃有热所致的呕吐呃逆、气喘咳嗽、口燥咽干等症状，以及小便淋沥涩痛、水肿等症状。

【药理成分】含有淀粉、蔗糖、葡萄糖，少量果糖、木糖及柠檬酸、草酸、苹果酸等。

【附注】脾胃虚寒、腹泻便溏者不宜单独食用。

白茅根配莲藕　止咳平喘，润肺化痰

二鲜饮

【食药材】鲜茅根50克，莲藕100克，冰糖适量。

【膳食制法】

1. 将莲藕洗净、切薄片，白茅根洗净、切段，将两者用纱布包好，放入砂锅，加水适量，武火烧开，文火煎煮30分钟，去渣取汁。
2. 药汁加入冰糖，搅拌均匀，即可饮用。

【功效与主治】止咳平喘，润肺化痰。适用于咳嗽、肺痈等疾病。对肺火痰热所致的咳嗽胸痛、喉中腥味、痰中带血、呼吸不利、口干咽燥、渴喜冷饮、鼻内出血等症状有一定疗效。

【膳食服法】代茶饮。

白茅根配粳米　清热泄火，凉血止血

茅根仙鹤粥

【食药材】白茅根5克，仙鹤草3克，丹皮3克，粳米50克，冰糖适量。

【膳食制法】

1. 将白茅根、仙鹤草、丹皮洗净，用纱布包好，放入砂锅，加水适量，武火烧开，文火煎煮30分钟，去渣取汁。
2. 将粳米洗净，放入锅中，加入药汁及适量清水。
3. 武火烧开，文火煮至粥将熟，加入冰糖，搅拌均匀至粥熟，即可食用。

【功效与主治】清热泻火，凉血止血。适用于淋证等疾病。对膀胱湿热所致的小便不畅、尿时涩痛、疼痛不适、小腹疼痛等症状有一定疗效。

【膳食服法】餐时服用。

白茅根配金针菇 清热解毒，凉血止血

【食材介绍——金针菇】

金针菇，又名朴蕈、冬菇，为白蘑科真菌冬菇的子实体。金针菇含有维生素D、烟酸、多糖、油酸、亚油酸、牛磺酸、香菇嘌呤、细胞溶素、冬菇细胞毒素、钾、磷等多种成分。中医认为，金针菇味甘、咸，性寒，归肝、脾经，具有补肝、益肠胃、抗癌的功效。现代医学研究表明，金针菇是高钾低钠食物，是高血压、肥胖者的优良食物。常食金针菇可降血脂、降胆固醇，有利于降低血液粘稠度，缓解心脑血管疾病。金针菇含有的朴菇素具有抗肿瘤的作用，可增强人体对肿瘤细胞的抵抗能力。金针菇含有大量氨基酸，尤其富含赖氨酸和精氨酸，可以促进儿童智力发育。此外，金针菇还具有抗疲劳、抗菌作用。金针菇的营养成分丰富且容易被人体吸收，是体弱多病者补充营养的良好选择。一般人均可食用金针菇，尤其适宜于营养不良、老人、儿童、肿瘤患者、心脑血管疾病等人群。腹泻者不宜单独食用。

茅根金针饮

【食药材】白茅根15克，金针菇100克，冰糖适量。

【膳食制法】

1. 将金针菇、白茅根洗净，用纱布包好，放入砂锅，加水适量，武火烧开，文火煎煮30分钟，去渣取汁。

2. 加入冰糖，搅拌均匀，即可饮用。

【功效与主治】清热解毒，凉血止血。适用于淋证、疖疗等疾病。对膀胱湿热所致的小便不畅、尿时涩痛、疼痛不适、小腹疼痛等症状，以及热邪郁滞所致的皮肤起痘、疼痛不适等症状有一定疗效。

【膳食服法】代茶饮。

【医学分析】膳食中金针菇味甘，性凉，善清热解毒、凉血。茅根甘寒，能凉血止血。二味相配共奏清热解毒、凉血止血之效。故服用本品对血热妄行所致的各种血证有一定疗效。现代医学研究表明，白茅根能缩短出血和凝血时间。

白茅根配鸭肉　补虚清热，利水消肿

二鲜鸭肉粥

【食药材】鲜白茅根30克，鲜车前草30克，鸭肉100克，粳米200克，葱白、盐适量。

【膳食制法】

1. 将鸭肉洗净，切细丝备用。
2. 将车前草、白茅根洗净，用纱布包好，放入砂锅，加水适量，武火烧开，文火煎煮30分钟，去渣取汁。
3. 将粳米洗净，放入砂锅，加药汁、鸭肉及清水适量。
4. 武火烧开，文火煮至粥熟，加葱末、盐等调味，即可食用。

【功效与主治】补虚清热，利水消肿。适用于虚劳、癃闭、水肿等疾病。对膀胱湿热所致的尿血便血、目赤肿痛、口干欲饮等症状，以及肾气亏虚所致的小便不通、水肿尿少、腰膝酸软等症状有一定疗效。

【膳食服法】餐时服用。

白茅根配西瓜翠衣 清热润肺，止咳通淋

茅根翠衣饮

【食药材】鲜茅根30克，西瓜翠衣30克，砂糖30克。

【膳食制法】

1. 将鲜茅根和西瓜翠衣洗干净，用纱布包好，放入砂锅，加水适量，武火烧开，文火煎煮30分钟，去渣取汁。

2. 加入砂糖，搅拌均匀，即可饮用。

【功效与主治】清热润肺，止咳通淋。适用于咳嗽等疾病。对感受风热所致的口渴咽干、鼻内出血、发热恶寒、鼻流黄涕等症状，以及肺火痰热所致的咳嗽痰多、质黏难咯、呼吸不利、口干咽燥等症状有一定疗效。

【膳食服法】代茶饮。

【附注】大便稀溏者慎用。

白茅根配猪肉　清热祛湿，健脾益气

茅根瘦肉羹

【食药材】鲜白茅根50克，猪瘦肉250克，盐适量。

【膳食制法】

1. 将白茅根洗净，切成2厘米段，猪瘦肉切丝。
2. 以上二味加水适量，共煮至肉熟。
3. 加食盐适量调味，即可食用。

【功效与主治】清热祛湿，健脾益气。适用于淋证、虚劳等疾病。对膀胱湿热下注所致的小便频急、尿中带血、排尿涩痛等症状，以及脾气亏虚所致的周身乏力、少气懒言、不欲饮食等症状有一定疗效。

【膳食服法】餐时服用。

白茅根配黑小豆　利水消肿，清热通淋

茅根豆浆饮

【食药材】鲜茅根30克，赤小豆50克，黑小豆50克。

【膳食制法】

1. 鲜茅根洗净，用纱布包裹，加水适量，煎汁去渣。
2. 赤小豆、黑小豆洗净备用。
3. 药汁中加入赤小豆及黑小豆，用豆浆机研磨，待熟后，即可饮用。

【功效与主治】清热通淋，利水消肿。适用于淋证、水肿等疾病。对膀胱湿热下注所致的肌肤水肿、小便不利、淋漓涩痛、甚则尿中带血等症状有一定疗效。

【膳食服法】餐时服用。

白茅根配鲜马兰头 凉血止血，清泄心火

【食材介绍——马兰头】

马兰头，又名马兰、红梗菜，为菊科植物。马兰含有蛋白质、碳水化合物、膳食纤维、维生素A、胡萝卜素、维生素C、维生素E、钙、磷、钾等多种成分。中医认为，马兰头味辛，性凉，归肝、胃、肺经，具有凉血止血、清热利湿、解毒消肿的功效。现代医学研究表明，马兰含有大量的硒、钙、维生素E、胡萝卜素等物质，能抗衰老、提高机体免疫力。马兰头中的钾含量是普通蔬菜的20倍，常食马兰头有利于维持体内的水电解质平衡，对高血压、水肿等人群有一定的食疗作用。马兰头还含有丰富的维生素A和维生素C，维生素A能维护视力，维生素C能减淡色斑、预防癌症、防治坏血病、提高抗病能力。此外，马兰头的提取液还有镇咳和消炎作用。一般人均可食用马兰头，尤其适宜于高血压、水肿、雀斑、癌症、坏血病、咽喉炎、扁桃体炎等人群。孕妇不宜单独食用。

茅根马兰汤

【食药材】 鲜白茅根20克，莲子5克，红枣12克，鲜马兰头100克，红糖适量。

【膳食制法】

1. 将鲜白茅根、莲子、红枣、鲜马兰头洗净，放入砂锅中，加水适量，武火烧开，文火煎煮30分钟，去渣取汁。
2. 药汁加入红糖调味，即可食用。

【功效与主治】 凉血止血，清泄心火。适用于淋证、咳喘、肺痈等疾病。对湿热下注所致的口渴咽干、小便不畅、淋漓涩痛等症状，以及肺火痰热所致的咳嗽胸痛、喉中腥味、痰中带血、呼吸不利、口干咽燥、鼻翼煽动、发热心烦等症状有一定疗效。

【膳食服法】 餐时服用。

侧柏叶

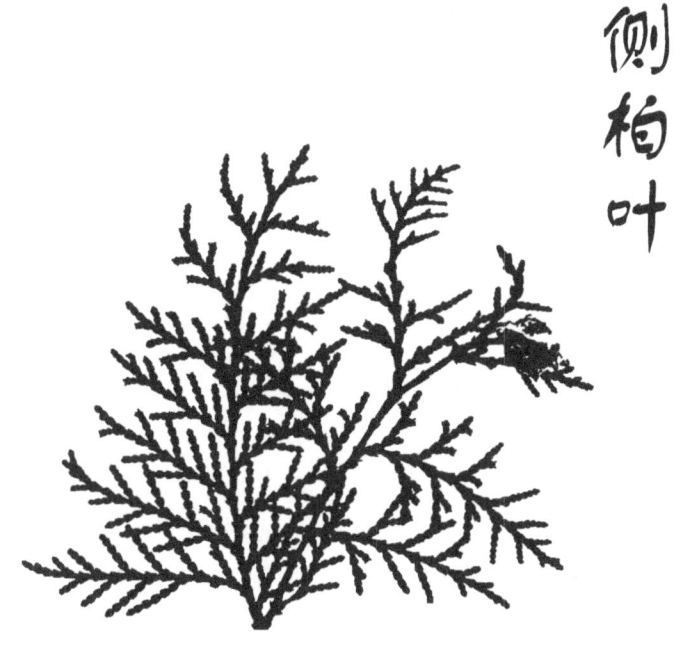

【来源】柏科植物侧柏干燥的枝梢及叶。

【性味归经】苦、涩,寒。归肺、肝、脾经。

【功效与主治】凉血止血,化痰止咳。适用于血热妄行所致的吐血、衄血、尿血、血痢、崩漏下血等症状,以及肺有郁热所致的肺热咳喘、痰稠难咯等症状。

【药理成分】含有挥发油、黄酮类、鞣质、树脂、维生素、多种微量元素等。

【附注】脾胃虚寒者不宜单独食用。

侧柏叶配粳米 凉血止血，补脾益气

柏叶粳米粥

【食药材】侧柏叶20克，粳米50克。

【膳食制法】

1. 将侧柏叶洗净，放入砂锅中，加水适量，武火烧开，文火煎煮30分钟，去渣取汁。
2. 粳米洗净，加药汁及水适量，武火煮开，文火煎至粥熟，即可食用。

【功效与主治】凉血止血，补脾益气。适用于淋证、咳嗽等疾病。对膀胱湿热所致的小便不利、尿中带血、淋漓涩痛等症状，以及肺热郁滞所致的咳嗽气喘、痰稠难咯等症状有一定疗效。

【膳食服法】餐时服用。

侧柏叶配鸡蛋 凉血止血，健脾益气

侧柏煮蛋

【食药材】侧柏叶5克，白茅根3克，鸡蛋3枚。

【膳食制法】

1. 将侧柏叶、白茅根洗净，用纱布包好，备用。
2. 将纱布包、鸡蛋放入砂锅，加水适量，武火烧开，文火煮至蛋熟。
3. 鸡蛋去壳，将蛋放入药汁，再煮10分钟，即可食用。

【功效与主治】凉血止血，健脾益气。适用于虚劳、淋证等疾病。对中气不足所致的精神恍惚、四肢乏力、肢体倦怠、少气懒言等症状，以及膀胱湿热所致的小便短赤、尿中带血、淋漓涩痛等症状有一定疗效。

【膳食服法】餐时服用。

侧柏叶配猪蹄 凉血止血，乌发生发

柏叶莲藕炖猪脚

【食药材】侧柏叶30克，猪蹄1个，章鱼20克，莲藕80克，红枣10枚，桂圆肉20克，盐适量。

【膳食制法】

1. 将侧柏叶洗净，放入砂锅中，加水适量，武火烧开，文火煎煮30分钟，去渣取汁。

2. 将莲藕洗净切块，红枣去核洗净，备用。

3. 将章鱼、猪蹄洗净划刀，与侧柏叶汁、莲藕、红枣、桂圆肉一起放入砂锅。

4. 武火煮开，文火炖至猪蹄酥烂，加盐调味，即可食用。

【功效与主治】凉血止血，乌发生发。适用于虚劳等疾病。对血热津亏所致的脱发掉发、须发早白等症状，以及脾胃不足所致的面色淡白、肢体困倦、神疲乏力、少气懒言等症状有一定疗效。

【膳食服法】餐时服用。

侧柏叶配面粉　凉血止血，健脾养阴

柏叶薄饼

【食药材】侧柏叶15克，面粉150克，盐适量。

【膳食制法】

1. 将侧柏叶洗净，放入砂锅中，加水适量，武火烧开，文火煎煮30分钟，去渣浓缩取汁，备用。

2. 将药汁、盐、适量水和面做薄饼，上蒸笼蒸熟，即可食用。

【功效与主治】凉血止血，健脾养阴。适用于淋证、鼻衄、早衰等疾病。对膀胱湿热所致的小便赤短、尿中带血、淋漓涩痛和邪热灼络所致的鼻中出血、鼻咽干燥、口干舌红等症状，以及精气不足所致的头发脱落、须发早白等症状有一定疗效。

【膳食服法】餐时服用。

侧柏叶配白酒　通利耳目，滋养脏腑

柏叶花蕊酒

【食药材】侧柏叶10克，松叶6克，松花蕊6克，白酒200毫升，蜂蜜3克。

【膳食制法】

1. 将松叶、侧柏叶、松花蕊洗净、烘干共研为细末，装入纱布袋。
2. 将布袋及蜂蜜放入白酒中。
3. 密封白酒7日，每日摇晃1次，即可饮用。

【功效与主治】通利耳目，滋养脏腑。适用于虚劳、耳鸣、耳聋等疾病。对脏气亏虚所致的精神倦怠、肢体困重、少气懒言、面色晦暗、头晕目眩、听力减退等症状有一定的功效。本方久服，对提高机体免疫力有一定作用。

【膳食服法】适量饮用。

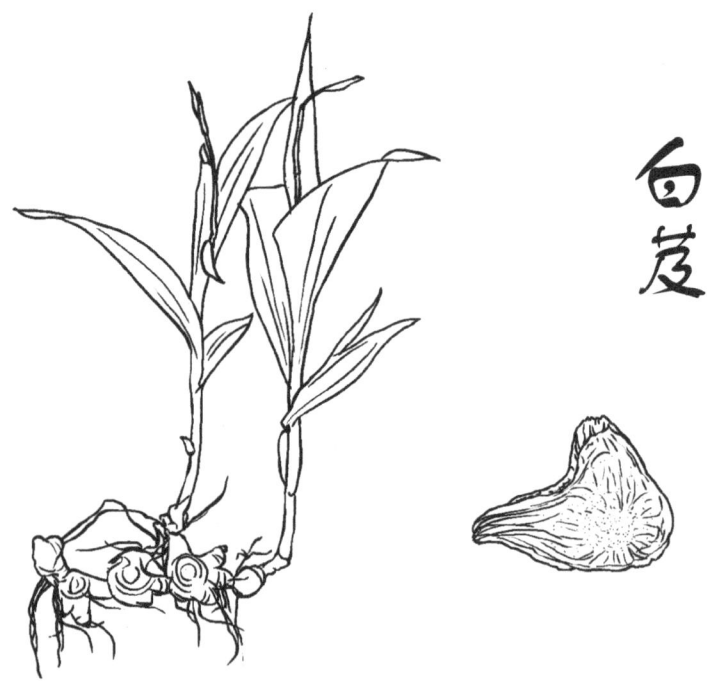

白芨

【来源】兰科植物白芨的干燥块茎。

【性味归经】苦、甘、涩，性寒。归肺、胃、肝经。

【功效与主治】收敛止血，消肿生肌。主治血证等疾病。适用于热壅血瘀所致的肺胃出血、吐血、衄血、痈肿疮疡等症状，以及手足皲裂、水火烫伤等症状。

【药理成分】含有菲类衍生物、胶质和淀粉等。

【附注】不宜与乌头类药材同用。

白芨配猪肺　补虚润肺，收敛止血

白芨煨猪肺

【食药材】白芨10克，猪肺250克，食盐、酒等调味品适量。

【膳食制法】

1. 将猪肺洗净，切小块，备用。
2. 将白芨洗净，用纱布包好。
3. 将猪肺、纱布包放入砂锅，加酒及食盐等调味品，加清水适量，武火烧开，文火煮猪肺至熟，即可食用。

【功效与主治】补虚润肺，收敛止血。适用于肺痿、肺痨等疾病。对肺阴亏虚所致的潮热盗汗、食欲不振、身体消瘦、呼吸不利、干咳无痰或少痰等症状有一定疗效。

【膳食服法】餐时服用。

【附注】感冒咳嗽时不宜食用。

白芨配莲藕　清热凉血，收敛肺气

白芨莲藕粳米粥

【食药材】白芨15克，莲藕100克，粳米100克，冰糖适量。

【膳食制法】

1. 将白芨洗净，研成粉末备用。
2. 将莲藕洗净，切薄片放入砂锅中，粳米洗净，同入砂锅。
3. 将白芨粉加入砂锅，加水适量，熬至粥熟，加入适量冰糖，即可食用。

【功效与主治】清热凉血，收敛止血。适用于咳嗽、肺痿、肺痨等疾病。对肺阴亏虚所致的食欲不振、身体消瘦、潮热盗汗、呼吸不畅、干咳少痰、甚或痰中带血、身体低热等症状有一定疗效。现代医学研究表明，本方对肺结核有一定防治作用。

【膳食服法】餐时服用。

白及配糯米　健脾益胃，收敛止血

白及粳米粥

【食药材】白及粉10克，大枣5个，蜂蜜10克，糯米100克。

【膳食制法】

1. 将糯米、大枣洗净，放入砂锅。
2. 锅中加入白及粉、蜂蜜，加水适量。
3. 煮粥至熟，即可食用。

【功效与主治】健脾益胃，收敛止血。适用于胃炎、咳嗽等疾病。对肺气不利所致的咳嗽不适、时有汗出、大便干结等症状，以及胃阴亏虚所致的胃部胀痛、饥不欲食、烧心反酸等症状有一定疗效。

【膳食服法】餐时服用。

白芨虫草糯米粥

【食药材】白芨5克,冬虫夏草2克,糯米50克,冰糖5克。

【膳食制法】

1. 将冬虫夏草、白芨打成细粉,备用。

2. 将糯米洗净,放入砂锅,冬虫夏草、白芨亦加入锅中,加水适量,武火烧开,文火煮至粥熟。

3. 将冰糖加入粥中,糖化搅匀,即可食用。

【功效与主治】培补肾气,敛肺止血。适用于虚劳、咳嗽等疾病。对久病体虚所致的咳嗽时作、周身乏力、少气懒言、腰膝酸软、畏寒肢冷、不欲饮食、身体消瘦等症状有一定疗效。

【膳食服法】餐时服用。

【医学分析】膳食中冬虫夏草滋肾阴、壮肾阳,素有"补虚圣药"之称。冰糖养阴生津,润肺止咳。白芨配糯米补脾敛肺止血。四味相配共奏固本培元、敛肺止血之功效。故服用本品对久咳伤肺、累及脾肾所致的肺结核等病症有一定疗效。现代医学研究表明,本方有抗结核菌的功效。

白芨配燕窝 润肺养阴,止咳平喘

白芨炖燕窝

【食药材】白芨5克,燕窝10克,冰糖适量。

【膳食制法】

1. 把燕窝除去毛渣,白芨洗净打粉,冰糖粉碎,共同放入锅内,加水适量。

2. 隔水蒸炖熟,即可食用。

【功效与主治】润肺养阴,止咳平喘。适用于肺痿、咳嗽、哮喘等疾病。对肺脏虚寒所致的畏寒肢冷、咯吐痰沫、咳嗽不止、呼吸不利等症状,以及气阴两虚所致的潮热汗出、痰中带血、气急喘促等症状有一定疗效。

【膳食服法】餐时服用。

罗汉果

【来源】葫芦科多年生攀援草本植物罗汉果的干燥果实。

【性味归经】甘，凉。归肺、大肠经。

【功效与主治】清肺利咽，化痰止咳。适用于肺热所致的咽干燥咳、咽痛失音、津伤口渴、咳嗽痰多等症状，以及肠燥津枯所致的大便秘结等症状。

【药理成分】含有三萜苷类、黄酮类、葡萄糖、果糖、维生素、脂肪酸、微量元素等。

【附注】脾胃虚寒泄泻者不宜单独食用。

罗汉果配猪肉 清肺润燥，补虚止咳

罗汉果猪肉汤

【食药材】罗汉果5克，猪瘦肉100克，盐适量。

【膳食制法】

1. 将罗汉果洗净掰块，猪瘦肉洗净切片。

2. 将罗汉果和猪瘦肉放入砂锅，加水适量，煮至肉熟，加少许食盐调味，即可食用。

【功效与主治】清肺润燥，补虚止咳。适用于咳嗽、肺痨等疾病。对肺阴亏虚所致的咳嗽少痰、咽喉肿痛、大便秘结、口渴喜饮等症状，以及气血亏虚所致的肢倦乏力、少气懒言、肤色晦暗等症状有一定疗效。现代医学研究表明，久服本方有一定增强免疫力作用。

【膳食服法】餐时服用。

罗汉果配柿饼　清热利咽，润肺止咳

罗汉果柿饼汤

【食药材】罗汉果5克，柿饼25克。

【膳食制法】

1. 将罗汉果洗净并掰块，柿饼洗净并切片。
2. 将罗汉果和柿饼放入砂锅，武火烧开，文火煎煮30分钟，即可食用。

【功效与主治】清热利咽，润肺止咳。适用于咳嗽、呃逆等疾病。对肺阴亏虚所致的口燥咽干、咳声嘶哑、咯痰不爽、痰中带血等症状，以及肺胃气逆所致的喉中呃呃连声、打嗝不止等症状有一定疗效。

【膳食服法】餐时服用。

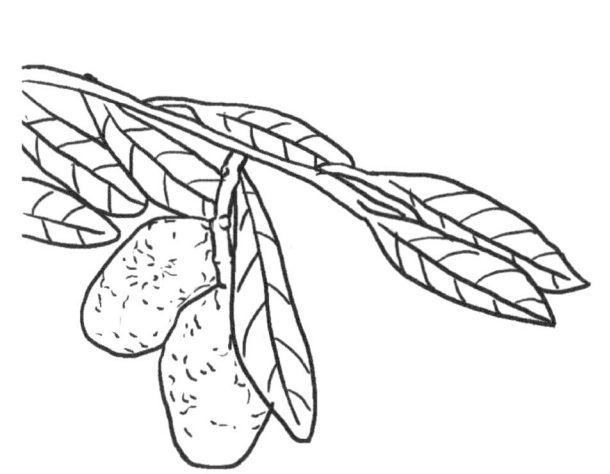

胖大海

【来源】梧桐科植物胖大海的成熟种子。

【性味归经】甘，寒。归肺、大肠经。

【功效与主治】清热化痰，润肠通便。适用于痰热郁肺所致的咳嗽痰多、咽喉疼痛、声音嘶哑、燥热便秘、头痛目赤等症状。现代医学研究表明，胖大海有降压作用，对高血压有一定预防作用。

【药理成分】含有胖大海素、半乳糖、戊糖等。

【附注】脾胃虚寒泄泻者不宜单独食用。

胖大海配白糖　清热利咽，生津止咳

【食材介绍——白糖】

白糖，由甘蔗和甜菜榨出的汁液制成的精糖，是最常见的食糖。白糖主要成分是碳水化合物。中医认为，白糖味甘，性平，归脾、肺经，具有和中缓急、生津润燥的功效。现代医学研究表明，人体摄入一定量的白糖能提高机体对钙质的吸收，有助于骨骼与牙齿生长。白糖热量高，易于被人体吸收，能帮助维持机体生命活动，维护心脏和神经等各系统的正常运转。在日常饮食中，白糖常作为调味剂，以改善味道，可以增进食欲。一般人均可食用白糖，尤其适宜低血糖、营养不良、久病体弱等人群。糖尿病患者、肥胖者、老年人、儿童等不宜单独食用。

胖大海饮

【食药材】胖大海3枚，白糖适量。

【膳食制法】

1. 将胖大海洗净，放入砂锅中，加水适量，武火烧开，文火煎煮30分钟，去渣取汁。

2. 加白糖适量，即可饮用。

【功效与主治】清热利咽，生津止咳。适用于喉痹、咳嗽等疾病。对肺热壅盛所致的咽干口渴、咽喉肿痛、声音嘶哑、咳嗽不爽、大便干结等症状有一定疗效。

【膳食服法】代茶饮。

胖大海配银耳 利咽润肺，补气生津

大海银耳蜂蜜羹

【食药材】胖大海10个，银耳60克，蜂蜜适量。

【膳食制法】

1. 将银耳温水泡发并撕小块，胖大海洗净，备用。
2. 将银耳、胖大海放入砂锅中，加水适量。
3. 武火烧开，文火煎煮30分钟。
4. 调入蜂蜜，即可食用。

【功效与主治】利咽润肺，补气生津。适用于咳嗽、喉痹、便秘等疾病。对肺气阴虚所致的潮热颧红、口渴咽干、咽喉肿痛、久咳不止、干咳无痰等症状，以及肺热所致的口渴咽干、咽喉肿痛、头晕心烦、咳嗽气急、大便秘结等症状有一定疗效。

【膳食服法】餐时服用。

胖大海配冰糖　清热泻火，利咽止痛

大海银翘饮

【食药材】胖大海4个，金银花2克，连翘2克，冰糖适量。

【膳食制法】

1. 将金银花、连翘洗净，用纱布包好，放入砂锅，加水适量，武火烧开，文火煎煮30分钟，去渣取汁，备用。

2. 将胖大海洗净加入药汁，武火烧开。

3. 加盖焖30分钟，去渣取汁，放入冰糖，搅拌均匀，即可饮用。

【功效与主治】清热泻火，利咽止痛。适用于喉痹、咳嗽等疾病。对外感风热所致的恶寒发热、身体乏力、口渴咽干、咽喉肿痛、头晕心烦、咳嗽气急等症状，以及火热上炎所致的口燥咽干、声音嘶哑、咽痒肿痛等症状有一定疗效。

【膳食服法】代茶饮。

川贝母

【来源】百合科植物川贝母、暗紫贝母、甘肃贝母或梭砂贝母干燥的鳞茎。

【性味归经】苦、甘，微寒。归肺、心经。

【功效与主治】清热化痰，润肺止咳，散结消肿。适用于风热犯肺、痰热内阻所致的咳嗽痰黄、咯痰不爽、咽喉肿痛、胸闷胀痛、久咳不止等症状，以及痰火郁结所致的瘰疬、瘿瘤、疮痈肿痛等症状。

【药理成分】含有多种生物碱，如川贝母碱、西贝母碱、青贝碱等。

【附注】脾胃虚寒及有湿痰者不宜单独食用。忌与乌头类药材同用。

川贝配雪梨 清热润肺，止咳化痰

【食材介绍——雪梨】

雪梨，属蔷薇目蔷薇科梨属植物的果实，肉嫩白如雪，故称为雪梨。雪梨含有碳水化合物、蛋白质、维生素C、维生素E、膳食纤维、钾、磷等多种成分。中医认为，雪梨味甘、微酸，性凉，归肺、胃经，具有清肺化痰、生津止渴的功效。现代医学研究表明，雪梨中含有丰富的维生素C，能够淡化色斑、美白肌肤。雪梨中的天然果糖，易被人体吸收，并能提供大量能量，使人精力充沛。雪梨含有的"石细胞"可以有效清除牙缝里的菌斑，具有漱口水效果，可以美白、清洁牙齿。雪梨中的植物纤维，可促进胃肠道蠕动，刺激排泄，有利于通便排毒。雪梨富含水分，能有效缓解机体缺水症状，补充人体水分，适合秋冬季节食用。雪梨中含丰富电解质，适合发烧和脱水等人群食用。常食雪梨有利于缓解干咳、烦渴等症状。一般人均可食用，尤其适宜于干咳、气管炎、电解质不足、皮肤干燥、牙齿有牙斑菌者等人群。糖尿病患者、胃肠不适者不宜单独食用。

川贝雪梨炖猪肺

【食药材】川贝母3克，雪梨2个，猪肺50克，冰糖适量。

【膳食制法】

1. 将川贝母洗净并打成粉状，雪梨洗净并切成小块，备用。
2. 将猪肺洗净，切成小块，去血水。
3. 将贝母、川梨块、猪肺共置砂锅内，加冰糖及水适量。
4. 武火烧开，文火煮至肺熟，即可食用。

【功效与主治】清热润肺，止咳化痰。适用于咳嗽、咯血等疾病。对外感燥邪所致的咳嗽咯痰、咽干口燥、鼻塞流涕、头痛眩晕、咳痰不爽、肢体酸楚等症状，以及肺阴亏耗所致的声音嘶哑、手足心热、形体消瘦、痰中带血等症状有一定疗效。

【膳食服法】餐时服用。

川贝冰糖雪梨

【食药材】川贝母3克，雪梨1个，冰糖适量。

【膳食制法】

1. 将川贝、冰糖打细粉，雪梨去梨籽，将川贝、冰糖放入雪梨中，备用。
2. 将雪梨隔水蒸至梨熟，即可食用。

【功效与主治】润燥化痰，清肺止咳。适用于咳嗽、感冒等疾病。对外感燥邪所致的咳嗽咽干、痰少色白、鼻塞少涕等症状，以及风热犯肺所致的咳嗽频剧、喉燥咽痛、咯痰不爽、鼻流黄涕、肢体酸楚、头痛发热等症状有一定疗效。

【膳食服法】餐时服用。

【附注】痰多咳嗽者慎用。

【医学分析】膳食中川贝母性味甘凉，长于滋润肺金，功善润肺化痰、清肺止咳，多用于肺热燥咳、阴虚肺劳之久咳痰少、咽燥口干。燥痰咳嗽证，为阴虚肺燥所致。燥热伤肺，故痰少滞涩；肺失清肃，故久咳不止。治宜清热润肺，化痰止咳。热清燥润则痰白化，清肃下降则咳逆自止。故《长沙药解》谓本品"泄热凉金，降浊消痰，其力非小，然清金而不败胃气，甚可嘉焉"。雪梨性味甘寒，为清热润肺、化痰生津之佳品。冰糖甘平，亦有润肺化痰止咳之功效。三味相配共奏润燥化痰、清肺止咳之效。故服用本品对外感燥邪所致咳嗽、感冒等病症有一定疗效。

川贝杏仁雪梨汤

【食药材】川贝母3克,杏仁3克,雪梨1个。

【膳食制法】

1. 将贝母、杏仁洗净并打成细粉,雪梨切小块,相互混匀。
2. 将雪梨隔水蒸至梨熟,即可食用。

【功效与主治】润肺化痰,止咳平喘。适用于咳嗽、喘证、感冒等疾病。对外感风热所致的咳喘气急、咯痰略黄、鼻流浊涕、头痛发热、咽喉干痒等症状,以及痰热郁肺所致的咳嗽频剧、喉燥咽痛、咯痰粘稠、尿赤便秘、肢体酸楚等症状有一定疗效。

【膳食服法】餐时服用。

川贝蜂蜜蒸雪梨

【食药材】川贝母3克,蜂蜜10克,雪梨1个。

【膳食制法】

1. 将川贝打成细粉,雪梨去梨籽,将川贝、蜂蜜放入雪梨,备用。
2. 将雪梨隔水蒸至梨熟,即可食用。

【功效与主治】润燥化痰,清肺止咳。适用于虚劳、咳嗽、感冒等疾病。对肺气不足所致的身体虚弱、肢倦乏力、少气懒言、咳嗽不止等症状,以及外感风热所致的咳嗽咽干、痰少而白、鼻流浊涕、头痛发热等症状有一定疗效。

【膳食服法】餐时服用。

川贝配冰糖 清肺润燥,化痰止咳

川贝冰糖饮

【食药材】川贝母3克,冰糖30克。

【膳食制法】

1. 川贝母研末后和冰糖一起放入少量清水内。

2. 炖30分钟，调匀即可饮用。

【功效与主治】清肺润燥，化痰止咳。适用于虚劳、便秘、咳嗽、感冒等疾病。对肺气不足所致的身体虚弱、肢倦乏力、少气懒言、咳嗽不止等症状，以及外感风热所致的咳嗽咽干、痰少而黏、鼻流浊涕、头痛发热、大便干燥等症状有一定疗效。

【膳食服法】餐时服用。

川贝配冬瓜　润肺化痰，清肺降火

川贝酿雪梨

【食药材】川贝母6克，雪梨6个，冬瓜条100克，糯米100克，冰糖50克。

【膳食制法】

1. 糯米淘洗干净后蒸成米饭，冬瓜条切成黄豆颗粒大小，川贝母打碎。

2. 将雪梨去皮后，由蒂把处用刀切下一块为盖，用刀挖出梨核，将梨浸在水内，以防变色，然后将梨在沸水中烫一下，捞出放入凉水中冲凉，再捞出放入碗内。

3. 将糯米饭、冬瓜条和适量冰糖屑拌匀后和川贝母一起分成六等份，分别装入6个雪梨中，盖好，装入碗内。

4. 上笼，沸水蒸约50分钟，至梨烂熟。

5. 将锅内加清水300毫升，置武火上烧沸后，放入剩余冰糖，溶化收浓汁，待梨出笼时，逐个浇在雪梨上，即可食用。

【功效与主治】润肺化痰，清肺降火。适用于咳嗽、肺痨、感冒等疾病。对风热犯肺所致的咳嗽频剧、喉燥咽痛、咯痰不爽、肢体酸楚等症状，以及气阴两虚所致的潮热盗汗、痰中带血、胸胁疼痛等症状有一定疗效。

【膳食服法】餐时服用。

川贝配甲鱼　滋阴清热，润肺止咳

贝母蒸甲鱼

【食药材】川贝母5克，甲鱼1只，鸡汤1000毫升，料酒、盐、花椒、生姜、葱适量。

【膳食制法】

1. 将甲鱼洗净，切块放入蒸钵中。
2. 加入鸡汤、川贝母、盐、料酒、花椒、姜、葱。
3. 上锅蒸甲鱼至熟，即可食用。

【功效与主治】滋阴清热，润肺止咳。适用于咳嗽、肺痨、肺痿等疾病。对虚火灼肺所致的咳呛气急、痰少质黏、痰中带血、潮热颧红等症状，以及气阴耗伤所致的咳嗽无力、气短声低、面色苍白、午后潮热或胸胁疼痛等症状有一定疗效。

【膳食服法】餐时服用。

川贝配鸭肉　润肺养胃，化痰止咳

滋阴清热老鸭

【食药材】川贝母6克，生地、当归、熟地、茯苓各5克，玄参、丹皮、黄精、地骨皮各3克，老鸭1只，陈甜酒200毫升，酱油、盐适量。

【膳食制法】

1. 将老鸭杀好，洗净。将川贝母、生地、当归、熟地、茯苓、玄参、丹皮、黄精、地骨皮洗净，并用纱布包好，与陈甜酒、酱油、盐一并放入鸭腹，用线缝紧鸭腹。

2. 将老鸭放入钵内盖严，外用湿绵纸将钵封固，上笼屉蒸至烂熟。

3. 除去药包，即可食用。

【功效与主治】润肺养胃，化痰止咳。适用于咳嗽、虚劳、肺痨、肺痿等疾病。对脾胃虚弱所致的食欲不振、纳呆便秘、肢体倦怠、少气懒言和虚火灼肺所致的咳呛气急、痰少质黏、痰中带血、潮热颧红等症状，以及气阴耗伤所致的咳嗽无力、气短声低、面色苍白等症状有一定疗效。

【膳食服法】餐时服用。

【附注】脾虚便溏者慎服。

竹茹

【来源】禾本科植物青秆竹、大头典竹或淡竹的茎的中间层。

【性味归经】甘，微寒。归肺、胃、心、胆经。

【功效与主治】清热化痰，除烦止呕。适用于痰火郁结所致的咳喘痰多、口燥咽干、胸闷不伸、心烦不寐等症状，以及胃虚有热所致的呕吐、呃逆等症状。

【药理成分】含有磷酸二酯酶抑制物、丁香酚等。

【附注】寒性咳喘、胃寒呕逆者不宜单独食用。

竹茹配绿豆　健脾和胃，化湿止呕

清热化湿饮

【食药材】竹茹6克，鲜芦根5克，焦山楂3克，橘红3克，霜桑叶3克，炒谷芽10克，绿豆30克，蜂蜜适量。

【膳食制法】

1. 将以上食药材除蜂蜜外洗净，用纱布包好，放入砂锅，加水适量，武火烧开，文火煎煮30分钟，去渣取汁，备用。
2. 将药汁加入蜂蜜调味，即可饮用。

【功效与主治】健脾消食，清热化湿。适用于咳嗽、食积等疾病。对湿热蕴肺所致的咳嗽频剧、喉燥咽痛、咯痰不爽、肢体酸楚等症状，以及饮食停滞、郁而化热所致的头昏目涩、消化不良、胃脘作痛、纳呆食少、体虚乏力等症状有一定疗效。

【膳食服法】餐时服用。

竹茹配柿饼 健脾行气，降逆止呃

竹茹陈皮柿饼饮

【食药材】竹茹10克，陈皮5克，柿饼30克，生姜3克，白糖适量。

【膳食制法】

1. 将陈皮、竹茹洗净，柿饼洗净、切片，生姜洗净、拍松，一起用纱布包裹。

2. 将纱布放入砂锅，加水适量，武火烧开，文火煎煮30分钟，去渣取汁，备用。

3. 将药汁加入白糖溶化，即可饮用。

【功效与主治】健脾理气，降逆止呕。适用于呕吐、呃逆、咳嗽等疾病。对胃虚有热所致的脘腹胀满、呕吐不止、呃声连连、饮食不佳等症状，以及脾虚痰热所致的咳嗽不止、口渴咽痛、胸闷痰多、心烦不寐等症状有一定疗效。

【膳食服法】餐时服用。

竹茹配冰糖　清泄胃热，降气止呃

竹茹麦冬饮

【食药材】竹茹6克，麦冬3克，冰糖6克。

【膳食制法】

1. 将竹茹、麦冬洗净，用纱布包好，放入砂锅，加水适量，武火烧开，文火煎煮30分钟，去渣取汁，备用。

2. 药汁加入冰糖，搅拌均匀，即可饮用。

【功效与主治】清泄胃热，降气止呃。适用于呕吐、呃逆、咳嗽等疾病。对胃虚有热所致的脘腹胀满、呃声连连、饥不欲食等症状，以及痰火犯肺所致的咳嗽气急、口渴咽痛、胸闷痰多、心烦不寐等症状有一定疗效。

【膳食服法】代茶饮。

【医学分析】膳食中竹茹味甘性寒，专清胃腑之邪热，为治疗虚烦燥渴、胃热呃逆之要品。《本草新编》云："麦冬清胃中之热邪。"又云："麦冬必须多用，力量始大，盖热炽于胃中，熬尽其阴。不用麦冬之多，则火不能息矣。"冰糖甘凉调味而清胃热。三味相配共奏清泄胃热、降气止呃之效。故饮用此茶对胃虚有热所致的呃逆、呕吐等病症有一定疗效。

竹茹配粳米　清泄胃热，除烦止呕

竹茹粳米粥

【食药材】竹茹5克，粳米50克。

【膳食制法】

1. 将竹茹洗净，用纱布包好，放入砂锅，加水适量，武火烧开，文火煎煮30分钟，去渣取汁，备用。

2. 粳米洗净，入砂锅，加药汁及清水适量，煮至粥熟，即可食用。

【功效与主治】清泄胃热，除烦止呕。适用于呕吐、咳嗽等疾病。对胃阴亏虚所致的脘腹胀满、时有呕吐、饥不欲食等症状，以及痰热犯肺所致的咳嗽频剧、喉燥咽痛、咯痰不爽、肢体困重、酸楚不适等症状有一定疗效。

【膳食服法】餐时服用。

【附注】脾虚大便溏薄者不宜多食。

【医学分析】膳食中竹茹性寒味甘，《本草逢原》称其"专清胃腑之热，为虚热烦渴、胃虚呕逆之要药"。粳米补中健脾而养胃。故竹茹粥对胃热呕吐疗效颇著。《内经》云："诸呕吐酸，皆属于热。"胃中有热，邪热挟胃气上逆，则生呕吐。二味相配共奏清胃和中、除烦止呕之效。故服用本粥对胃虚有热所致呕吐、咳嗽等病症有一定疗效。

桑白皮

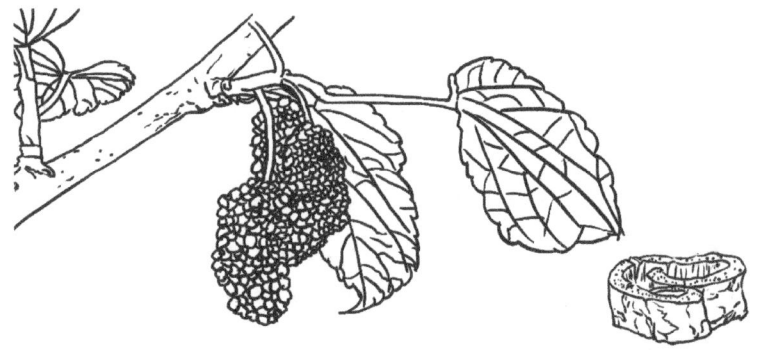

【来源】桑科植物桑干燥的根皮。

【性味归经】甘，寒。归肺经。

【功效与主治】泻肺平喘，利水消肿。适用于肺有郁热所致的咳嗽气喘、口燥咽干等症状，以及水湿内停所致的胀满喘急、面目肌肤浮肿、小便不利等症状。

【药理成分】含有黄酮类衍生物、伞形花内酯、东莨菪素等。

【附注】风寒咳嗽者不宜单独食用。

桑白皮配粳米　健脾益气，化痰平喘

桑白皮粥

【食药材】桑白皮5克，粳米50克，蜂蜜适量。

【膳食制法】

1. 将桑白皮洗净，用纱布包好，放入砂锅，加水适量，武火烧开，文火煎煮30分钟，去渣取汁，备用。

2. 将粳米放入锅中，加清水适量，待粥熟，加入蜂蜜，搅匀即可食用。

【功效与主治】健脾益气，化痰平喘。适用于咳嗽、喘证等疾病。对火热扰肺所致的咳嗽、咽干喉痛、唇鼻干燥、干咳无痰或痰中带血、鼻塞头痛、胀满喘急、大便干结等症状有一定疗效。

【膳食服法】餐时服用。

【医学分析】膳食中桑白皮味甘性寒，泻肺火，平喘咳，利水消肿，有较好的解热止咳祛痰的功效。粳米健脾益胃，顾护正气，与桑白皮为粥，扶正祛邪。二味相配共奏健脾益气、化痰平喘之效。故食用本粥对火热扰肺所致的咳嗽气喘、痰黄粘稠或兼有热喘等病症有一定疗效。

桑白皮薏仁粥

【食药材】桑白皮6克，炒薏苡仁20克，粳米100克。

【膳食制法】

1. 将桑白皮、炒薏苡仁洗净，用纱布包好，放入砂锅，加水适量，武火烧开，文火煎煮30分钟，去渣取汁，备用。
2. 将粳米洗净，放入砂锅，加入药汁，煮至粥熟，即可食用。

【功效与主治】泻肺平喘，利水消肿。适用于咳喘、水肿等疾病。对火热扰肺所致的咳嗽作呛、咽干喉痛、唇鼻干燥、干咳无痰或痰中血丝、鼻塞头痛等症状，以及肺失宣降所致的肌肤水肿、身体困重、胀满喘急、小便短少等症状有一定疗效。

【膳食服法】餐时服用。

桑白皮配红糖　补血滋阴，润肺降气

【食材介绍——红糖】

红糖，由禾本科植物甘蔗汁液提取而成。蔗糖含有碳水化合物、视黄醇、烟酸、胡萝卜素、铁、钙、镁等多种成分。中医认为，红糖味甘，性温，归脾经，具有益气补血、健脾暖胃、缓中止痛的功效。现代医学研究表明，常食用红糖可促进皮肤细胞的代谢，有效保护皮肤弹性，补充皮肤营养，减少局部色素堆积，起到美容养颜的作用。红糖含有大量的硒元素，硒具有强大的抗氧化功能，能延缓衰老，并可预防心血管疾病和癌症。红糖是粗糖，保留了较多维生素和矿物质，可以满足人体对微量元素的需求，适合体弱者食用。红糖中的某些成分具有刺激机体造血的功能。红糖热量高，易于被人体吸收，能驱寒暖胃，维持机体生命活动，特别适合女性食用。红糖含有胡萝卜素、烟酸、钙质、铁质等微量元素，营养较全面。一般人均可食用红糖，尤其适宜于低血糖、孕产妇、妇女经期、贫血、年老体虚等人群。糖尿病患者、肥胖者等不宜单独食用。

桑白皮阿胶粥

【食药材】桑白皮5克,阿胶3克,糯米100克,红糖6克。

【膳食制法】

1. 将桑白皮洗净,用纱布包好,放入砂锅,加水适量,武火烧开,文火煎煮30分钟,去渣取汁,备用。阿胶打细粉烊化,备用。
2. 将糯米淘洗净,放入砂锅,加入药汁及适量清水。
3. 武火煮开,文火煮至粥熟,加入红糖及阿胶,搅拌均匀,即可食用。

【功效与主治】补血滋阴,润肺降气。适用于虚劳、咳喘、水肿等疾病。对肺阴亏损所致的身体虚弱、体倦乏力、久咳咯血、月经过少和火热扰肺所致的咳喘气急、咽干喉痛、唇鼻干燥、干咳无痰或挟血丝等症状,以及肺失宣降所致的肌肤水肿、身体困重、胀满喘急、小便短少等症状有一定疗效。

【膳食服法】餐时服用。

【附注】脾胃虚弱、大便溏薄者慎用。

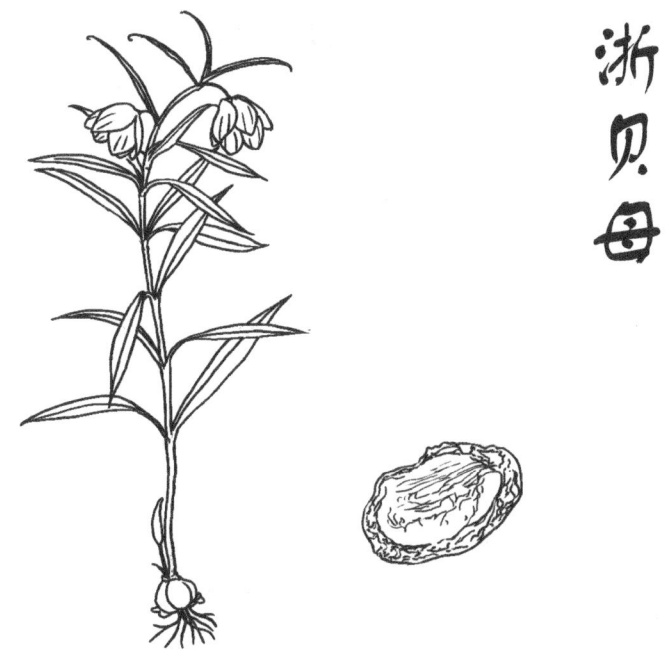

浙贝母

【来源】百合科植物浙贝母干燥的鳞茎。

【性味归经】苦，寒。归肺、心经。

【功效与主治】清热化痰，散结消肿。适用于风热犯肺或痰热郁肺所致的咳嗽不止、痰黄黏稠、口燥咽干等症状，以及痰热郁结所致的瘰疬结核、疮痈肿痛等症状。

【药理成分】含有浙贝母碱、去氢浙贝母碱、浙贝宁、浙贝酮、贝母醇、浙贝宁苷等。

【附注】脾胃虚寒及湿痰者不宜单独食用。忌与乌头类药材同用。

浙贝母配粳米　化痰散结，清泄肺热

贝母粳米粥

【食药材】浙贝母5克，粳米50克，冰糖5克。

【膳食制法】

1. 浙贝母洗净，打成细末，备用。
2. 将粳米洗净，与冰糖、浙贝一同入锅，加清水适量。
3. 武火烧开，文火煮至粥熟，即可食用。

【功效与主治】化痰散结，清泄肺热。适用于瘿病、咳嗽等疾病。对风热犯肺所致的口干咽痒、咳嗽气急、咯痰不爽或痰中带血等症状，以及痰瘀痹阻所致的颈部肿大、心烦易怒等症状有一定疗效。

【膳食服法】餐时服用。

【医学分析】膳食中浙贝母味苦性寒，功善清热消瘀、化痰散结。粳米、冰糖健脾益胃，顾护胃气，以助药力。三味相配共奏清热化痰、消肿散结之效。故服用本粥对痰热郁肺所致的颈部结核累累状如贯珠、按之疼痛而未破溃的瘰疬之病证有一定疗效。

浙贝母配冰糖 清热化痰，降气止咳

浙贝杏仁饮

【食药材】浙贝母5克，苦杏仁5克，冰糖10克。

【膳食制法】

1. 将浙贝母洗净，杏仁浸泡片刻，去皮、尖，洗净。

2. 将浙贝母、杏仁用纱布包裹，放入砂锅中，加水适量，武火煮开，文火煎煮30分钟，去渣取汁。

3. 将药汁加入冰糖，搅拌均匀，即可饮用。

【功效与主治】清热化痰，降气止咳。适用于喘证、咳嗽等疾病。对痰热郁肺所致的口干咽痒、咳嗽气急、喘逆上气、声音嘶哑、胸肋胀满、咯痰不爽、痰中带血等症状有一定疗效。

【膳食服法】餐时服用。

杏仁

【来源】蔷薇科植物杏、野杏、山杏干燥的种子。

【性味归经】苦,微温。有小毒。归肺、大肠经。

【功效与主治】润肺祛痰,止咳平喘,润肠通便。适用于风寒袭肺所致的咳嗽气喘、胸闷气逆等症状,以及风热、燥热所致的咳嗽咽干、痰少难咯、发热汗出和肠燥津亏所致的大便秘结等症状。

【药理成分】含有苦杏仁苷、脂肪、蛋白质、各种游离氨基酸等。

【附注】本品有小毒,用量不宜过大。

杏仁配甲鱼　滋阴清热，降气止咳

五味蒸甲鱼

【食药材】杏仁5克，贝母3克，知母3克，前胡3克，柴胡3克，甲鱼500克，食盐、黄酒等调味品适量。

【膳食制法】

1. 将甲鱼杀好，洗净切块，放入大碗中。

2. 将贝母、知母、前胡、柴胡、杏仁洗净，用纱布包好，和适量黄酒、食盐等调味品一起放入甲鱼碗中，加水没过肉块，放入蒸锅中。

3. 武火烧开，文火蒸至甲鱼熟，即可食用。

【功效与主治】滋阴清热，降气止咳。适用于咳嗽、喘证等疾病。对肺阴亏虚、肺气上逆所致的咳嗽作呕、咽燥口干、声音嘶哑或伴有五心烦热等症状，以及肺肾气虚所致的喘促气短、气怯声低、痰吐稀白、自汗畏风、烦热口干、形神疲惫、呼多吸少等症状有一定疗效。

【膳食服法】餐时服用。

杏仁配鲫鱼　补脾益肺，降气化痰

杏仁鲫鱼红糖汤

【食药材】杏仁5克，大鲫鱼1条，红糖等调味品适量。

【膳食制法】

1. 将鲫鱼杀好、洗净，和除去杂质的杏仁同入锅中。

2. 加水适量，煎煮至鱼肉熟透。

3. 放入红糖煮化，出锅晾温即可食用。

【功效与主治】补脾益肺，降气化痰。适用于虚劳、咳嗽等疾病。对脾气亏虚所致的身体瘦弱、食欲不振、肢体倦怠、少气懒言等症状，以及脾肺气虚所致的咳嗽痰多、痰液稀白、易于咯出、周身乏力等症状有一定疗效。

【膳食服法】餐时服用。

【附注】外感发热者慎用。

杏仁配柿饼　降逆止咳，润肺下气

杏仁柿蒂饼

【食药材】杏仁3克，青黛2克，柿饼1个。

【膳食制法】

1. 杏仁去皮去尖，炒黄并研为泥状，调入青黛作饼。
2. 把柿饼破开，包入杏泥饼。
3. 用湿纸包裹，煨熟即可食用。

【功效与主治】清肝润肺，降逆止咳。适用于咳嗽、呃逆等疾病。对肝火犯肺所致的嗽痰黄稠、痰中带血、心烦易怒、咳喘不息、口干口苦、大便干结等症状，以及肺胃气逆所致的喉间呃呃连声、不能停止等症状有一定疗效。

【膳食服法】餐时服用。

【附注】杏仁可润肠，故本方尤其适合咳而便秘者。

【医学分析】膳食中杏仁善宣降肺气以止咳平喘，为治咳嗽之要药，因配伍不同，广泛用于各种咳嗽证。杏仁有苦、甜两种，苦杏仁长于宣泄，多用于外感实证；甜杏仁长于滋补，多用于肺虚劳嗽。本方所用杏仁，应因人因证选择。青黛长于清降肝火，既入气分，又入血分，火降血宁，则痰血自愈。柿饼可增强杏仁、青黛止咳化痰宁血之效，还可防肝火及苦寒伤阳，并矫正苦味，使青黛、杏仁易于食用。三味相配共奏清肝润肺、降逆止咳之效。故食用本品对肝火犯肺胃所致的咳嗽、呃逆等病症有一定疗效。

杏仁配冰糖　润肺化痰，止咳平喘

杏仁冰糖饮

【食药材】杏仁5克，冰糖10克。

【膳食制法】

1. 杏仁洗净，备用。
2. 杏仁与冰糖同研细末。
3. 温水冲服即可。

【功效与主治】润肺化痰，止咳平喘。适用于咳嗽、便秘等疾病。对肺失宣降所致的咳喘气急、咽干喉痛、唇鼻干燥、干咳无痰、痰少难咯、胸闷胀痛等症状，以及大肠腹气不通所致的肠燥便干、大便难下等症状有一定疗效。

【膳食服法】晨起冲服。

杏菊饮

【食药材】杏仁3克，菊花2克，冰糖6克。

【膳食制法】

1. 杏仁洗净打碎，菊花洗净，备用。
2. 把上二味混合，沸水冲泡10分钟，放入冰糖，即可饮用。

【功效与主治】疏散风热，祛痰止咳。适用于头痛、感冒、咳嗽等疾病。对外感风热所致的头痛头晕、咳嗽不止、咽干口燥、畏风少汗等症状，以及肝火上炎所致的头晕目眩、目赤肿痛、耳中声响、口干口苦、心烦易怒、大便干结等症状有一定疗效。

【膳食服法】代茶饮。

杏仁配猪肺 滋阴补肺，降气平喘

杏仁猪肺止咳汤

【食药材】杏仁3克，蜜百部20克，蜜白前20克，猪肺50克，冰糖适量。

【膳食制法】

1. 杏仁、蜜百部、蜜白前洗净，用纱布包好。
2. 猪肺洗净切丝。
3. 将纱布袋、猪肺入锅，加入冰糖、水适量，置武火烧开，文火慢炖至肺熟，即可食用。

【功效与主治】滋阴补肺，降气平喘。适用于咳嗽、喘证等疾病。对咳嗽后期、外邪未尽所致的咳嗽咯痰、咽干口燥、咳痰不爽、咳声振作等症状，以及肺阴亏耗所致的干咳少痰、声音嘶哑、手足心热、痰中带血等症状有一定疗效。

【膳食服法】餐时服用。

杏仁猪肺粥

【食药材】杏仁3克，猪肺50克，粳米60克，调味品适量。

【膳食制法】

1. 杏仁去皮去尖，捣为泥。
2. 猪肺洗净切丝，加水煮至七分熟，捞出切碎。
3. 将粳米、杏仁泥、猪肺入砂锅，加水适量，武火烧开，文火同煮为粥，即可食用。

【功效与主治】滋阴补肺，降气平喘。适用于咳嗽、喘证等疾病。对肺失宣降所致的咳嗽咯痰、咽干口燥、咳痰不爽、声音嘶哑等症状，以及肺气亏虚所致的呼吸费力、倦怠乏力、少气懒言等症状有一定疗效。

【膳食服法】餐时服用。

杏仁配小米 益气润肺，止咳化痰

山药杏仁粥

【食药材】杏仁3克，山药10克，小米100克。

【膳食制法】

1. 山药、杏仁洗净烘干，小米炒黄。
2. 共研为细末，沸水冲开服用。

【功效与主治】益气润肺，止咳化痰。适用于咳嗽、虚劳、带下病等疾病。对脾肺气虚所致的食欲不振、腹胀便溏、久咳不止、气短而喘、声低懒言、吐痰清稀、面浮肢肿等症状，以及脾虚不运所致的带下量多、质稀色清等症状有一定疗效。

【膳食服法】餐时服用。

杏仁配核桃仁 润肺止咳，润肠通便

蜜饯双仁

【食药材】杏仁10克，核桃仁250克，蜂蜜300克。

【膳食制法】

1. 将杏仁沸水焯，去皮后，加入核桃仁，加水，武火烧开，文火煎煮。
2. 浓缩至水尽，加蜂蜜煮拌匀，即可食用。

【功能与主治】润肺止咳，润肠通便。适用于咳嗽、便秘等疾病。对肺肾气虚所致的咳喘不止、胸部满闷、心悸咳嗽、痰吐清稀、唇青面紫、面色晦暗等症状，以及大肠失于濡润所致的大便干结、腹胀腹痛等症状有一定疗效。

【膳食服法】随时服用。

杏仁配粳米 止咳化痰，健脾益气

杏仁双蜜粥

【食药材】杏仁6克，蜜百部15克，蜜白前15克，粳米100克。

【膳食制法】

1. 将苦杏仁打碎，蜜百部、蜜白前洗净，用纱布包好，放入砂锅，加水适量，武火烧开，文火煎煮30分钟，去渣取汁，备用。

2. 将粳米入锅，加药汁和适量清水，共煮为粥，即可食用。

【功效与主治】止咳化痰，健脾益气。适用于咳嗽、喘证等疾病。对肺失宣降或外感风燥后期所致的咳喘气急、干咳少痰、咽干喉痛、唇鼻干燥、干咳无痰、痰少难咯、胸闷胀痛等症状有一定疗效。

【膳食服法】餐时服用。

【医学分析】膳食中苦杏仁苦辛而温，善宣肺散寒、降气定喘。蜜百部、蜜白前兼可润肺止咳。三味与粳米为粥可扶正驱邪，共奏润肺止咳、健脾益气之效。故食用本粥对肺失宣降所致的久咳不愈有一定疗效。现代医学研究表明，苦杏仁中含有杏仁甙、杏仁酶、杏仁油等成分，在体内分解后产生的氰氢酸可镇静呼吸中枢，达到镇咳定喘的效果。

杏仁粥

【食药材】杏仁3克，粳米50克。

【膳食制法】

1. 浸泡杏仁片刻，去皮、尖，洗净，研成泥状。
2. 将粳米淘洗干净和杏仁一起放入锅中，加适量水。
3. 武火煮开，文火煮至粥熟，即可食用。

【功效与主治】润肺止咳，健脾益气。适用于咳嗽、喘证、便秘等疾病。对肺失宣降所致的咳喘气急、咽干喉痛、唇鼻干燥、干咳无痰、痰少难咯、胸闷胀痛等症状，以及大肠腹气不通所致的肠燥便干、大便难下等症状有一定疗效。

【膳食服法】餐时服用。

杏仁配豆腐　润肺健脾，降气止咳

【食材介绍——豆腐】

豆腐，又名水豆腐，为豆科植物大豆种子的加工制成品。豆腐含有蛋白质、脂肪、碳水化合物、维生素B、铁、钾、钙等多种成分。中医认为，豆腐（大豆）味甘，性凉，入脾、胃、大肠经，具有益气和中、生津润燥、清热解毒的功效。现代医学研究表明，豆腐的蛋白质生物学价值可与鱼肉相媲美，为植物蛋白中的王者，其氨基酸组成极佳，含有人体所必需的8种氨基酸。豆腐含有的脂肪多为不饱和脂肪酸，且不含胆固醇，对人体血管、大脑的生长发育有益处。豆腐富含植物雌激素，并且含有大量的钙质，能起到防治骨质疏松症的作用。豆腐经过发酵会产生大量的维生素B_{12}，有助于预防大脑的老化和老年性痴呆症。一般人均可食用。肾病患者、对大豆过敏者慎食。

杏仁豆腐汤

【食药材】杏仁6克，豆腐1块，花生米100克，食盐等调味品适量。

【膳食制法】

1. 杏仁洗净，温水泡胀，去皮尖。豆腐切小块。
2. 花生米带衣洗净，与杏仁烘干、打碎，用纱布包好，放入砂锅，加水适量，武火烧开，文火煎煮30分钟，去渣取汁，备用。
3. 将药汁放入砂锅，加水适量，武火烧开。
4. 放入豆腐，煎煮15分钟，加适量食盐调味，即可食用。

【功效与主治】润肺健脾，降气止咳。适用于咳喘、便秘、虚劳等疾病。对肺失宣降所致的咳喘气急、咽干喉痛、干咳无痰、痰少难咯、胸闷胀痛等症状，以及脾虚不运所致的肢倦乏力、少气懒言、身体瘦弱、肠燥便干、大便难下等症状有一定疗效。

【膳食服法】餐时服用。

【附注】长期便溏者慎用。

杏仁配雪梨　润肺止咳，清热利咽

杏仁梨汁饮

【食药材】杏仁3克，雪梨100克，冰糖20克。

【膳食制法】

1. 将杏仁洗净打碎，用纱布包好，放入砂锅。雪梨洗净切碎，放入砂锅。
2. 加水适量，武火烧开，文火煮至梨熟，去渣取汁。
3. 放入冰糖溶化，搅匀晾温，即可饮用。

【功效与主治】润肺止咳，清热利咽。适用于咳嗽、喉痹等疾病。对风燥犯肺所致的干咳无痰、痰少而黏、不易咯出、甚则胸痛、痰中带血、鼻衄口干、大便干结等症状有一定疗效。

【膳食服法】代茶饮。

杏仁配板栗　益气润肺，行气通便

【食材介绍——板栗】

板栗，又名栗、栗子，为壳斗科植物板栗的果实。板栗含有碳水化合物、蛋白质、维生素C、核黄素、膳食纤维、钙、镁、硒等多种成分。中医认为，板栗味甘，性温，归肾、脾经，具有益气健脾、滋阴补肾的功效。现代医学研究表明，板栗中所含的丰富的不饱和脂肪酸和维生素C，能够有效降低体内血清胆固醇含量，可以防治动脉硬化、冠心病等心脑血管疾病。板栗含有核黄素，常吃板栗有助于缓解小儿口舌生疮和成人口腔溃疡。板栗还含有大量淀粉、蛋白质及维生素，被称为"干果之王"，是一种价廉物美、营养丰富的食品。一般人均可食用板栗，尤其适宜于口腔溃疡、舌疮、血脂异常等人群。

四子通便饮

【食药材】杏仁5克，火麻仁5克，板栗15克，白芝麻15克。

【膳食制法】

1. 将前三味洗净，烘干，加白芝麻打粉，纱布包好，备用。

2. 将药包放入砂锅，加适量水，武火烧开，文火煎煮30分钟，去渣取汁，即可饮用。

【功效与主治】益气润肺，润肠通便。适用于咳嗽、便秘、呕吐等疾病。对肺失宣降所致的咳喘气急、咽干喉痛、声音嘶哑、唇鼻干燥、干咳无痰和胃气上逆所致的反胃吞酸、呃逆欲吐等症状，以及肠燥津亏所致的大便干结、不宜排出等症状有一定疗效。

【膳食服法】餐时服用。

【附注】便溏者忌服。

杏仁配羊肉 温阳补虚，降气平喘

羊肉煨杏仁

【食药材】羊肉400克，杏仁25克，花生油35克，香油8克，料酒、酱油、味精、八角、葱、姜、白砂糖等适量。

【膳食制法】

1. 羊肉洗净后切长条，干杏仁开水浸泡后去皮。
2. 将花生油烧热，把羊肉块放入热油中煸至金黄色，然后捞出放开水锅中煮开，去渣。
3. 将羊肉放入砂锅中，加入水、料酒、八角、酱油、白砂糖、葱、姜，烧开，去沫。
4. 放入杏仁，用微火煨至肉烂。
5. 调入味精、香油，文火慢慢收汁，出锅盛入盘内，即可食用。

【功效与主治】温阳补虚，降气通便。适用于虚劳、喘证、便秘等疾病。对肺肾气虚所致的喘促时作、排便困难、腰膝酸软、声低乏力、自汗耳鸣、身体羸弱等症状有一定疗效。

【膳食服法】餐时服用。

白果

【来源】银杏科植物银杏干燥的成熟种子。

【性味归经】苦、涩，平。有小毒。归肺经。

【功效与主治】敛肺定喘，止带缩尿。适用于外感风寒或肺肾两虚所致的哮喘日久、呼多吸少、气怯声低等症状，以及脾肾亏虚所致的带下清稀或色黄腥臭、小便白浊、尿频、遗尿、遗精等症状。

【药理成分】含有脂肪、蛋白质、淀粉、多种氨基酸、维生素等。

【附注】本品有小毒，用量不宜过大。

白果配白蘑菇　润肺止咳，健脾益气

四仁白蘑菇蛋花汤

【食药材】白果5克，甜杏仁6克，胡桃仁6克，花生仁6克，白蘑菇20克，鸡蛋1个，盐、胡椒粉等调味品适量。

【膳食制法】

1. 将前四味洗净、打粉末，用纱布包好，放入砂锅，加水适量，武火烧开，文火煎煮30分钟，去渣取汁，备用。
2. 鸡蛋搅匀备用。
3. 白蘑菇切薄片，加药汁、适量水，武火煮熟。
4. 撒入鸡蛋，蛋花上飘，加入盐、胡椒粉等调味品，即可食用。

【功效与主治】敛肺益肾，宁心安神。适用于咳喘、不寐等疾病。对肺肾气虚所致的咳喘气短、气怯声低、自汗畏风、痰吐稀薄、喘促日久、呼多吸少、咽干口燥、大便干结等症状，以及心神不宁所致的睡眠不佳、夜中多梦、心慌不安等症状有一定疗效。

【膳食服法】餐时服用。

白果配乌骨鸡　温补脾肾，除湿止带

白果莲肉乌鸡粥

【食药材】白果5克，乌骨鸡1只，莲肉15克，江米50克，盐等调味品适量。

【膳食制法】

1. 将白果、莲肉洗净，打细末，用纱布包好。江米洗净，备用。
2. 乌鸡洗净，将江米纳入鸡腹，用线绑好鸡腹。

3. 乌鸡入砂锅，放入药包，加水适量，武火烧开，文火炖至鸡将熟，加适量食盐调味，煮至鸡熟，即可食用。

【功效与主治】温补脾肾，除湿止带。适用于腹泻、带下等疾病。对脾肾阳虚所致的妇女带下、色质清稀、腰膝酸软、畏寒肢冷、腹痛肠鸣、晨起便溏、小便频数、性功能减退等症状有一定疗效。

【膳食服法】餐时服用。

白果配鸡肉　益气补血，滋阴润肺

白果莲肉糯米鸡

【食药材】白果6克，莲肉15克，母鸡1只，糯米15克，胡椒等调味品适量。

【膳食制法】

1. 将母鸡杀好、洗净，将白果、莲肉洗净，用纱布包好，糯米洗净，装入鸡腹。

2. 用线绑好鸡腹，放入砂锅，放入药包，加水适量，武火烧开，文火炖至鸡将熟，加适量胡椒调味，煮至鸡熟，即可食用。

【功效与主治】益气补血，滋阴润肺，收涩止带。适用于带下、虚劳等疾病。对气血亏虚导致的面白无华、身体虚弱、倦怠乏力、少气懒言等症状，以及脾阳亏虚，湿邪下注所致的妇女带下、色质清稀、周身沉重等症状有一定疗效。

【膳食服法】餐时服用。

【医学分析】膳食中白果、莲肉、糯米均能补益脾气，白果、莲肉尚能收涩止带。母鸡为血肉之质，最擅益气补血，佐以胡椒温中健胃。合而用之共奏大补气血、收涩止带之效。故服用本品对于气血亏虚所致的泄泻不止、遗精、滑精、遗尿、尿频等病症有一定疗效。

白果配豆腐　健脾养胃，化痰止咳

白果豆腐粥

【食药材】白果3克，豆腐皮15克，粳米50克，调味品适量。

【膳食制法】

1. 把白果洗净沥干，豆腐皮切小块。
2. 将白果、豆腐皮、粳米放入锅中，加水适量，同煮至熟，即可食用。

【功效与主治】健脾养胃，化痰止咳。适用于咳喘、虚劳等疾病。对肺气不足所致的咳嗽频剧、痰多质厚、喘急气促、呼多吸少、口干舌燥、咽喉不利、倦怠乏力、少气懒言等症状有一定疗效。

【膳食服法】餐时服用。

【医学分析】膳食中白果为银杏科植物银杏除去肉质及外种皮的种子，又名银杏，味甘、苦，性平而收涩，长于敛肺气、定喘嗽，并可除湿以减少痰量。《本草便读》云："上敛肺金除咳逆，下行湿浊化痰涎。"故多用于肺虚咳喘日久不止、痰量较多之证。豆腐皮为豆浆煮沸后，浆面所凝结的薄膜，性味甘平，功善益肺胃、止咳消痰。膳食中用之，取其补气益肺、止咳消痰之效。上述食材共煮成粥，不但补养之力颇佳，而且可降低白果毒性。三位相配共奏益胃敛肺、止咳平喘之效。故服用本粥对肺气不足所致的咳嗽日久不愈等病症有一定疗效。

【附注】白果有毒，生食尤剧，故食用本方，务必煮透白果，且量不可太大。本方有收涩性，外感咳嗽初起者慎用。

白果配白酒　补肾益气，涩精止遗

白果煮酒

【食药材】炒白果5克，白酒100毫升。

【膳食制法】

1. 将炒白果洗净沥干，备用。
2. 将炒白果和白酒小火同煮10分钟，即可食用。

【功效与主治】补肾益气，涩精止遗。适用于遗精、滑精、带下病等疾病。对肾气不固所致的性功能减退、腰膝酸软、心慌不眠、神疲乏力、形寒肢冷等症状，以及脾肾亏虚所致的带下量多、色淡质稀等症状有一定疗效。

【膳食服法】适量饮用。

白果配鸡蛋　补益肾气，收涩止带

五味鸡子降气羹

【食药材】白果5克，杏仁3克，旋复花3克，胡桃仁10克，花生米10克，鸡蛋1个，冰糖适量。

【膳食制法】

1. 将前五味洗净，纱布包好，备用。
2. 砂锅加水适量，入药袋，武火烧开，文火煎煮30分钟，去渣取汁。
3. 药汁打入鸡蛋1个，加冰糖，搅匀煮熟，即可食用。

【功效与主治】润肺止咳，补肾益气。适用于咳嗽、肺胀等疾病。对肺肾气虚所致的咳嗽气喘、胸腹胀满、气怯声低、自汗畏风、痰吐稀薄、喘促日久、呼多吸少、咽干口燥等症状有一定疗效。

【膳食服法】餐时服用。

【医学分析】膳食中白果、杏仁功善宣肺化痰、止咳定喘。胡桃仁纳气定喘。旋复花降气止咳。花生米、冰糖合用有悦脾和胃、补养心气之效。上六味与滋阴补虚之鸡蛋相配，共奏补肾纳气、润肺养心之效。肺为气之主，肾为气之根，久咳伤肺，多累及于肾，肺虚则喘咳不止，肾虚则气短不足以息，累及于心，则心悸不安。故服用本粥对肺肾两虚所致的咳嗽、肺胀等病症有一定疗效。

白果蒸蛋

【食药材】鸡蛋1个，白果2枚。

【膳食制法】

1. 将白果洗净备用。
2. 将鸡蛋大头开孔，把白果纳入蛋内，用纸粘封。
3. 隔水蒸熟，即可食用。

【功效与主治】补肾益气，收涩止带。适用于带下病、遗精、滑精等疾病。对肾气亏虚、带脉不固所致的带下偏多、色质清稀、男女性功能减退、小便频数、肢倦乏力、面色晦暗等症状有一定疗效。

【膳食服法】餐时服用。

【医学分析】膳食中白果固肾益气，鸡蛋滋阴补虚，两者合用共奏补肾益气、实带脉、固任脉之效。故服用本品对肾虚所致带下证有一定疗效。

白果配腐竹　补益肺肾，燥湿止带

【食材介绍——腐竹】

腐竹，又称腐皮，为豆腐浆煮沸后，经由浆面所凝结之薄膜干燥而成。腐竹含有碳水化合物、脂肪、蛋白质、纤维素、维生素E、硫胺素、烟酸、镁、钙、铁、磷等多种成分。中医认为，腐竹味甘、淡，性平，归肺、胃、脾经，具有清肺养胃、止咳消痰的功效。现代医学研究表明，腐竹富含谷氨酸，谷氨酸是兴奋性神经递质，与学习能力与记忆力方面密切相关，具有良好的健脑作用，可以预防老年痴呆症。腐竹含有大量的卵磷脂和大豆皂甙，能降低血液中胆固醇含量以防治动脉硬化。腐竹不仅含有大量的蛋白质，而且其氨基酸组成比例较佳，也容易被人体消化吸收，同时含有大量矿物质及维生素等微量元素，常食有助于补充营养，提高人体免疫力。一般人均可食用，尤其适宜于老年人、儿童、青少年及营养不良等人群。肾病、糖尿病酮症酸中毒病人及痛风患者等不宜单独食用。

白果腐竹粳米粥

【食药材】白果5克，腐竹10克，粳米100克，盐等调味品适量。

【膳食制法】

1. 将白果、腐竹、粳米洗净，然后把白果碾碎，腐竹剁碎，备用。
2. 将砂锅入水，加入上物，入锅同煮。
3. 武火烧开，文火煮熟，加盐调味，即可食用。

【功效与主治】补益肺肾，燥湿止带。适用于咳嗽、喘证、虚劳、带下病等疾病。对肺气失调所致的咳嗽频剧、干咳少痰、喘急气促、呼多吸少、咽喉不利、倦怠乏力、少气懒言等症状，以及脾虚湿盛所致的带下量多、色白质稀、倦怠乏力、纳少便溏、面色无华等症状有一定疗效。

【膳食服法】餐时服用。

【医学分析】膳食中腐竹是豆浆煮沸后表面凝结的膜，含丰富的植物蛋白，有养胃健脾之效。白果固肾除湿，收涩止带。上两味与健脾益胃之粳米同煮为粥，共奏健脾固肾、燥湿止带之效。服用本品对肺气耗伤所致的咳嗽、喘证、虚劳、带下病等病症有一定疗效。

白果配鸭肉 补肾润肺，止咳平喘

白果鸭脯

【食药材】白果10克，鸭脯肉1000克，熟鸡油20克，姜片15克，花椒12粒，葱20克，黄酒50克，清汤300克，淀粉、食盐、胡椒粉等调味品适量。

【膳食制法】

1. 将白果洗净捣碎，用纱布包好，放入砂锅，加水适量，武火烧开，文火煎煮30分钟，去渣取汁，备用。

2. 鸭肉洗净沥干，用食盐、胡椒粉、黄酒、熟鸡油调匀，抹匀鸭身内外，放入蒸碗内，加姜片、葱、花椒、药汁，蒸熟后拣去姜、葱、花椒，入盘备用。

3. 炒锅置于中火，加清汤、食盐，下淀粉勾芡，煮5分钟后，淋在鸭肉上，即可食用。

【功效与主治】补肾润肺，止咳平喘。适用于咳嗽、带下病等疾病。对肺肾阴虚所致的骨蒸潮热、咳嗽气喘、声音嘶哑、腰膝酸软、形体消瘦、口燥咽干等症状，以及肾气亏虚所致的带下量多、色白质稀等症状有一定疗效。

【膳食服法】餐时服用。

白果配猪肘 健脾益气，定喘止带

银杏蒸猪肘

【食药材】白果10克，猪肘500克，青笋60克，蚝油50克，清汤200克，姜块10克，葱结15克，黄酒15克，淀粉、食盐、胡椒等调味品适量。

【膳食制法】

1. 将白果洗净捣碎，用纱布包好，放入砂锅，加水适量，武火烧开，文火煎煮30分钟，去渣取汁，备用。

2. 青笋洗净，切片，入开水煮熟，过凉水，备用，猪肘洗净，划刀。

3. 猪肘皮朝碗底，放食盐、胡椒、黄酒、药汁、姜块、葱结，入笼蒸透，拣出姜、葱，沥出原汁，翻扣入盘。

4. 炒锅置于中火，加清汤、原汁、蚝油、食盐、青笋，烧开，下淀粉勾芡，淋在肘子上，即可食用。

【功效与主治】健脾益气，定喘止带。适用于咳喘、虚劳等疾病。对肺气不敛所致的喘嗽气喘、咳嗽有痰、呼吸不利、倦怠乏力、少气懒言、易于感冒等症状有一定疗效。

【膳食服法】餐时服用。

紫苏子

【来源】唇形科草本植物紫苏的干燥成熟果实。

【性味归经】辛，温。归肺、大肠经。

【功效与主治】降气化痰，止咳平喘，润肠通便。适用于痰壅气逆所致的咳嗽气喘、痰多胸闷、甚则不能平卧等症状，以及肠燥津亏所致的大便秘结难下等症状。

【药理成分】含有蛋白质、脂肪油、氨基酸、维生素等。

【附注】肺阴不足、干咳无痰者不宜单独食用。

紫苏子配粳米　润肺止咳，行气通便

苏子粳米粥

【食药材】苏子6克，粳米100克，红糖适量。

【膳食制法】

1. 将苏子洗净捣碎，用纱布包好，放入砂锅，加水适量，武火烧开，文火煎煮30分钟，去渣取汁，备用。

2. 药汁加粳米、红糖一同入砂锅内。

3. 煮至粥熟，即可食用。

【功效与主治】润肺止咳，行气通便。适用于咳喘、便秘等疾病。对痰壅气逆所致的咳嗽气喘、痰多质黏、胸闷胀满、甚则不能平卧等症状，以及热结肠燥所致的大便干结、腹胀腹痛、口干口臭等症状有一定疗效。

【膳食服法】餐时服用。

【附注】大便稀薄者不宜食用。

【医学分析】膳食中苏子最善化痰降气平喘。"脾为生痰之源，肺为储痰之器"，粳米健脾补中，脾土健旺，则痰源消除，痰去则喘平。故《杨起简便方》云："苏子粥治上气咳逆。"两味相配共奏润肺止咳、行气通便之效。故服用本粥对痰壅气逆所致的老年人及儿童的喘嗽有一定疗效。现代医学研究表明，苏子有扩张支气管平滑肌、促进痰液排出的作用。

二子粳米粥

【食药材】苏子6克，麻子仁6克，粳米30克，调味品适量。

【膳食制法】

1. 将苏子、麻子仁洗净捣碎，用纱布包好，放入砂锅，加水适量，武火烧开，文火煎煮30分钟，去渣取汁，备用。

2. 药汁加入粳米煮至粥熟，即可食用。

【功效与主治】降气止咳，润肠通便。适用于咳喘、便秘等疾病。对痰壅气逆所致的咳嗽气逆、胸闷胀满、呼吸不利、痰多质黏、甚则不能平卧等症状，以及肠燥热结所致的大便干结、排出不畅、腹胀腹痛、口干口臭等症状有一定疗效。

【膳食服法】餐时服用。

【附注】本方尤其适用于咳嗽伴大便干结者。

百合

【来源】百合科植物细叶百合、麝香百合及其同属多种植物鳞茎的鳞叶。

【性味归经】甘、微苦，平。归心、肺经。

【功效与主治】养阴益气，润燥止咳，宁心安神。适用于阴虚肺热所致的肺痨咳嗽、肺痈咳喘、哮病等症状，以及阴虚火旺所致的心悸、不寐等症状。现代医学研究表明，百合对于鼻咽癌、肺癌等癌症有一定疗效，常食百合能够起到缓解放疗、化疗反应的作用。

【药理成分】含有蛋白质、碳水化合物、脂肪、维生素、胡萝卜素等。

【附注】腹泻便溏、脾胃虚寒、感冒风寒咳嗽者不宜单独食用。

百合配糯米　润肺止咳，养心安神

百合糯米粥

【食药材】百合10克，糯米50克，冰糖适量。

【膳食制法】

1. 将百合洗净剥皮，切碎备用。
2. 与糯米同入砂锅内，煮至米烂汤稠，调入冰糖，搅拌调匀，即可食用。

【功效与主治】润肺止咳，养心安神。适用于肺痨、咳嗽、心悸、围绝经期综合征等疾病。对肺阴亏虚所致的干咳少痰、痰中带血、胸部隐痛、口干咽燥等症状，以及妇女心神失养所致的神志恍惚、心神不定、善恐易惊等症状有一定疗效。

【膳食服法】餐时服用。

百合沙参糯米粥

【食药材】百合10克，北沙参5克，糯米100克，冰糖适量。

【膳食制法】

1. 将百合、北沙参洗净，用纱布包好，放入砂锅，加水适量，武火烧开，文火煎煮30分钟，去渣取汁，备用。
2. 药汁加入粳米煮至将熟。
3. 加入冰糖，搅拌均匀至粥熟，即可食用。

【功效与主治】养阴润肺，润燥止咳。适用于咳嗽、肺痨、虚劳等疾病。对外感风燥所致的干咳不止、恶风咽干、痰少难咳、甚则咳中带血等症状，以及肺阴亏虚所致的干咳喘促、夜间汗出、痰中带血、神疲倦怠、口渴欲饮、皮肤干燥等症状有一定疗效。现代医学研究表明，本方对肺结核有一定的防治作用。

【膳食服法】餐时服用。

【附注】咳嗽流清涕者不宜单独食用。

百合杏仁粥

【食药材】鲜百合30克，苦杏仁3克，糯米100克，白糖20克。

【膳食制法】

1. 鲜百合掰开，去掉外边老瓣，洗净，备用。
2. 苦杏仁、糯米淘净后，同入砂锅，加水适量，武火煮沸30分钟，加入鲜百合，文火慢熬。
3. 待杏仁熟透、百合熟烂、熬粥至熟时，调入白糖，搅拌调匀，即可食用。

【功效与主治】润燥止咳，化痰通便。适用于咳嗽、心悸等疾病。对燥邪犯肺所致的咳嗽咯痰、痰少而黏、口唇发干、皮肤干燥、声音嘶哑、大便干燥、难以排出等症状，以及热病津伤所致的口干口渴、干咳少痰、手足心热、心慌气短等症状有一定疗效。现代医学研究表明，本方对急慢性支气管炎有一定的防治作用。

【膳食服法】餐时服用。

百合配白糖　清热除烦，养心安神

糖水百合

【食药材】百合15克，白糖适量。

【膳食制法】

1. 鲜百合掰开，去掉外边老瓣，洗净，与白糖共同入锅，加水适量。
2. 武火烧开，文火煮至百合烂熟，即可食用。

【功效与主治】清热除烦，养心安神。适用于心悸、不寐等疾病。对热病津伤所致的口干口渴、虚烦躁扰、眼唇干燥、甚则皮肤干燥等症状，以及心阴不足所致的虚烦不眠、心慌不安、睡而不稳、时睡时醒等症状有一定疗效。现代医学研究表明，本方对更年期综合征有一定的防治作用。

【膳食服法】餐时服用。

【医学分析】膳食中百合性甘微寒，能够补虚清心、解郁安神。白糖能养心和中。两药相配共奏清热除烦、养心安神之效。使用本品对心阴不足所致的心悸、不寐、烦渴等病症有一定疗效。

百合配绿豆　清热解暑，养阴生津

百合绿豆汤

【食药材】鲜百合60克，绿豆250克，白砂糖等调味品适量。

【膳食制法】

1. 将绿豆洗净后去杂，鲜百合掰开，去掉外边老瓣，洗净备用。
2. 锅置旺火上，加入清水烧开后，加绿豆和百合。
3. 待武火烧开，文火煮至绿豆开花软烂、百合瓣破损，起锅。

4. 加入白砂糖，即可食用。

【功效与主治】清热解暑，养阴生津。适用于消渴、中暑、咳嗽及感冒等疾病。对风热感冒所致的咳嗽痰黏、口干咽赤、发热恶风和肺热津伤所致的口渴多饮、烦热汗多、尿频量多等症状，以及外伤暑邪所致的大汗时出、周身酸软、全身发热、双目昏花等症状有一定疗效。现代医学研究表明，本方对热射病（中暑）有一定的防治作用。

【膳食服法】餐时服用。

百合配鲤鱼　补中益气，利水消肿

百合烧鲤鱼

【食药材】鲜百合25克，鲤鱼500克，生姜3克，葱段3克，料酒20克，植物油50克，酱油、食盐、蜂蜜等调味品适量。

【膳食制法】

1. 将鲤鱼杀好，洗净擦干，在鱼双面切菱形花刀，放在盘内，生姜切片备用。

2. 将鲜百合掰开，撕去内膜，洗净滤干，加蜂蜜、水适量，拌匀后上屉蒸20分钟，即可做成百合蜂蜜汤，备用。

3. 炒锅置旺火上，放入植物油，烧至六成热，放鲤鱼，将两面煎至金黄，放入料酒、酱油、食盐、葱段、姜片、清水，待烧沸后，移锅至微火焖30分钟。

4. 待鱼目突出，加入百合蜂蜜汤烧透，即可食用。

【功效与主治】补中益气，利水消肿。适用于腹痛、水肿及痞满等疾病。对脾气亏虚所致的皮肤水肿、腹部怕冷、不欲饮食、喜温喜按、周身乏力、倦怠懒言、大便溏薄等症状有一定疗效。

【膳食服法】餐时服用。

百合配猪肉　益气健脾，润肺止咳

百合肉片

【食药材】鲜百合50克，瘦猪肉100克，猪肉汤1000克，湿淀粉25克，熟火腿25克，料酒20克，酱油5克，植物油20克，葱段、姜片、食盐等调味品适量。

【膳食制法】

1. 将鲜百合洗净并将瓣层层剥下，火腿切片，备用。
2. 将猪肉洗净，切成薄片，酱油、料酒腌制30分钟，湿淀粉拌匀待用。
3. 锅置火上，植物油烧热，投入葱段、姜片煸炒，爆香后加入猪肉汤烧沸，捞出葱、姜。
4. 锅中下百合瓣，煮至半熟时，火腿片、猪肉片下锅，加食盐调味，待肉片变色，即可食用。

【功效与主治】益气健脾，润肺止咳。适用于虚劳、肺痨、咳嗽等疾病。对气血不足所致的面色无华、干咳不止、神疲倦怠、心慌不眠等症状，以及阴虚肺热所致的干咳少痰、手足心热或有低热、少气懒言等症状有一定疗效。

【膳食服法】餐时服用。

莲子百合瘦肉煲

【食药材】百合10克，莲子3克，猪瘦肉250克，盐等调味品适量。

【膳食制法】

1. 将莲子、百合及猪肉洗净备用，猪瘦肉切小块，放入砂锅内，加入适量水，武火水煎至沸腾。
2. 砂锅放入莲子、百合继续文火煎煮，至肉熟，加入食盐调味，即可食用。

【功效与主治】补肾健脾，养心宁神。适用于虚劳、不寐、郁证、肺痨等疾病。对阴虚肺热所致的干咳少痰、口干咽燥、手足心热、烘热汗出、心烦躁扰等症状，以及心神失养所致的心神不宁、喜怒无常、多疑易惊、夜不能眠、夜内多梦等症状有一定疗效。现代医学研究表明，本方对神经衰弱有一定防治作用。

【膳食服法】餐时服用。

百合配银耳　润肺止咳，降气化痰

百合银耳羹

【食药材】鲜百合20克，干银耳15克，冰糖15克。

【膳食制法】

1. 将银耳温水泡发，去根蒂，撕成小朵。
2. 将百合掰开，清水洗净，撕去内膜。
3. 将银耳、百合、冰糖放入砂锅，加水适量，炖至百合熟烂，即可食用。

【功效与主治】润肺止咳，降气化痰。适用于肺痨、不寐、咳嗽、咳血等疾病。对阴虚肺热所致的干咳少痰、痰中带血、手足心热、口干咽燥等症状，以及热病津伤所致的口渴欲饮、神疲倦怠、口唇干燥、心烦不眠等症状有一定疗效。

【膳食服法】餐时服用。

【附注】脾虚大便稀溏者慎用。

百合配羊肉 养阴补肺，养心安神

百合莲子羊肉汤

【食药材】羊肉200克，百合25克，莲子15克，生姜10克，葱白、胡椒、料酒、食盐等调味品适量。

【膳食制法】

1. 将羊肉洗净，切成小块。
2. 羊肉块加水适量，武火煮40分钟。
3. 加入百合、莲子肉，文火煮15分钟，然后加入生姜、葱白、胡椒、料酒、食盐再煮20分钟，即可食用。

【功效与主治】养阴补肺，养心安神。适用于失眠、心悸等疾病。对心肺不足所致的胸闷咳嗽、气短而促、心悸怔忡、动则尤甚、神疲乏力、语声低微、面色淡白等症状有一定疗效。

【膳食服法】餐时服用。

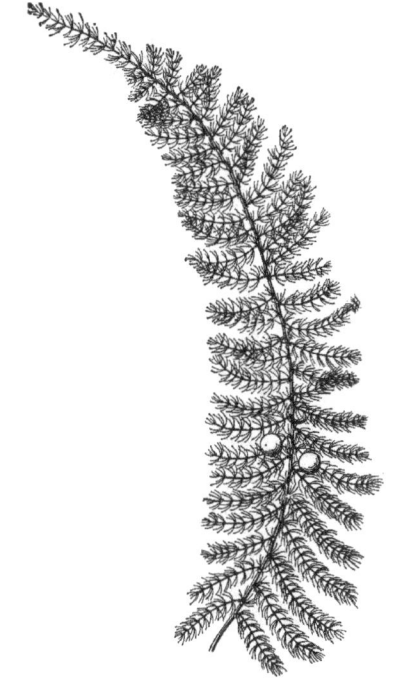

天门冬

【来源】百合科草本植物天冬的干燥块根。

【性味归经】甘、苦，寒。归肺、肾经。

【功效与主治】养阴润肺，生津止渴，宁心安神。适用于阴虚火旺所致的干咳、咯血和肾阴亏虚所致的眩晕耳鸣、腰膝酸痛、男子遗精等症状，以及津液亏损所致的口渴多饮、大便秘结等症状。现代医学研究表明，天门冬对多种细菌具有抑制其活性的作用，亦有抑制肿瘤活性的作用。

【药理成分】含有天门冬素、谷甾醇、粘液质及多种氨基酸等。

【附注】素体虚寒之泄泻及外感风寒致咳嗽者不宜单独食用。

天门冬配粳米　滋阴清热，补益肺肾

天冬润肺粥

【食药材】天门冬10克，粳米100克，冰糖等调味品适量。

【膳食制法】

1. 将天门冬洗净，用纱布包好，放入砂锅，加水适量，武火烧开，文火煎煮30分钟，去渣取汁，备用。
2. 将粳米洗净，放入砂锅，加入药汁及适量水，煮至粥熟。
3. 加入冰糖，搅匀，待冰糖溶化，即可食用。

【功效与主治】滋阴清热，补益肺肾。适用于便秘、眩晕、咳嗽及消渴等疾病。对肺肾阴虚所致的干咳不止、痰黏难咯、腰膝酸痛、头晕耳鸣、疲乏无力、气喘短气和热病津伤所致的干咳少痰、痰中咯血、大便难出等症状，以及气阴两虚所致的口渴欲饮、神疲倦怠、少气懒言等症状具有一定疗效。本方久服，有一定美容养颜作用。

【膳食服法】餐时服用。

【医学分析】膳食中天门冬性苦微寒，功善养阴清热、润肺滋肾。在《神农本草经》中，列天门冬为上品药，言久服能轻身益气。《本草汇言》云："天门冬，润燥滋阴，降火清肺之药也。"陶弘景说："门冬采得，蒸，剥去皮食之，甚甘美，止饥。"《本草蒙筌》称其"润粪燥秘结"。天门冬与安中益胃之粳米相配，共奏滋阴清热、补益肺肾之功。故服用本粥对热病津伤所致的便秘、眩晕、咳嗽等病症有一定疗效。

【附注】大便稀溏者不宜多食，糖尿病患者宜将冰糖更换成木糖醇食用。

天门冬配米酒　滋阴降火，润燥止咳

天门冬酒

【食药材】天门冬100克，米酒1500毫升。

【膳食制法】

1. 将天门冬洗净，沥干，用纱布包好，备用。
2. 将米酒放于容器，加入纱布包，密封7日，每日摇晃1次，即可饮用。

【功效与主治】滋阴降火，润燥止咳。适用于咳嗽等疾病。对外感风燥所致的咳嗽少痰、口渴咽干、渴喜冷饮等症状，以及热病伤津所致的干咳不止、心烦喜饮、皮肤干燥等症状有一定的功效。现代医学研究表明，本方对干燥症有一定的防治作用。

【膳食服法】适量饮用。

天门冬配芹菜　滋阴润肺，润肠通便

天门冬包子

【食药材】天门冬10克，瘦猪肉250克，芹菜250克，冬笋1个，鸡蛋2个，大葱60克，生姜5克，植物油、食盐、香油、酱油等调味品适量，面粉500克，酵母适量。

【膳食制法】

1. 将天门冬洗净，温水泡软，切成碎末，备用。
2. 将猪肉和炒熟的鸡蛋一同剁碎，大葱、冬笋、芹菜、姜切碎，加入天门冬，一同搅匀，做成肉馅备用。

3. 植物油置锅内，烧至七成热，停火，待油冷却后加入肉馅、食盐、香油、酱油及适量水，顺时针搅拌，调匀成馅料。

4. 面粉与酵母、适量水混合发酵后，制成包子皮，包好包子，入笼屉蒸至熟，即可食用。

【功效与主治】滋阴润肺，滑肠通便。适用于虚劳、心悸、便秘、消渴等疾病。对肺肾气虚所致的神疲乏力、少气懒言、咳嗽无力、动辄气喘等症状，以及阴虚内热所致的口渴欲饮、心慌虚烦、潮热汗出、大便秘结等症状有一定疗效。

【膳食服法】餐时服用。

天门冬配洋葱　滋阴清热，润肺止咳

天门冬烧麦

【食药材】天门冬10克，猪肉400克，洋葱2个，鸡蛋2个，嫩笋2只，面粉600克，藕粉适量，盐、糖、酱油、食用油、麻油等调味品适量。

【膳食制法】

1. 将面粉、鸡蛋、藕粉制成烧麦皮。
2. 将天门冬洗净后，用温水泡软，备用。
3. 将猪肉、嫩笋、洋葱、天门冬均剁碎，加入鸡蛋、酱油、盐、糖、麻油、食用油等搅拌均匀，即成馅料。
4. 包好烧麦，上笼蒸熟，即可食用。

【功效与主治】滋阴清热，润肺止咳。适用于虚劳、咳嗽、肺痈、便秘等疾病。对阴虚内热所致的口干咽燥、神疲乏力、烘热汗出、干咳少痰、大便秘结、偶有低热等症状，以及外感风燥所致的干咳少痰、口唇干燥、皮肤不润、发热恶风等症状有一定疗效。

【膳食服法】餐时服用。

【附注】脾虚大便稀溏者不宜多食。

天门冬配黄瓜 滋补肺胃，清热利尿

【食材介绍——黄瓜】

黄瓜，为葫芦科植物黄瓜的果实。黄瓜含有维生素E、丙醇二酸、纤维素、葫芦素C、丙氨酸、精氨酸、谷胺酰胺、维生素B_2、维生素C、钙、磷、铁等多种成分。中医认为，黄瓜味甘，性凉，归脾、胃、大肠经，具有除热、利水、解毒的功效。现代医学研究表明，黄瓜含有生物活性较强的黄瓜酶，能促进机体的新陈代谢，同时黄瓜还富含维生素E，故用黄瓜汁或黄瓜片敷于面部，可以滋润面部肌肤，有舒展皱纹、抗衰老的功效。黄瓜含有大量的丙醇二酸，可抑制碳水化合物转变为脂肪，有减肥的作用，减肥者可以常食黄瓜。黄瓜含有的纤维素能降低血液中的胆固醇含量，还能促进排便，对动脉硬化的病人有益处。黄瓜中含有的葫芦素C具有显著的抗肿瘤能力，可以提高人体免疫力，加之黄瓜中的膳食纤维可加速排便，从而能有效预防大肠癌。黄瓜中所含的丙氨酸、精氨酸和谷胺酰胺对酒精性肝硬化患者有良好的辅助治疗作用。黄瓜还有降血糖作用。一般人均可食用黄瓜，尤其适宜于肥胖、水肿、动脉硬化、癌症、嗜酒、糖尿病等人群。腹泻者不宜单独食用。

天冬桂圆炒黄瓜

【食药材】天冬10克，桂圆肉15克，黄瓜300克，葱10克，姜5克，食盐、植物油等调味品适量。

【膳食制法】

1. 将天冬、桂圆洗净，用纱布包好，放入砂锅，加水适量，武火烧开，文火煎煮30分钟，去渣取汁，备用。

2. 姜切片，葱切段，黄瓜切片，备用。

3. 用武火烧热炒锅，加入植物油，烧至六成热时，加入姜、葱爆香，加入黄瓜片、药汁，翻炒至熟，加入食盐，即可食用。

【功效与主治】滋补肺胃，清热利尿，补益脑窍。适用于不寐、咳嗽、虚劳等疾病。对肺肾亏虚所致的咳嗽气喘、神疲乏力、时有汗出、少气懒言等症状，以及年老肾衰所致的眠差易忘、智力减退等症状有一定疗效。

【膳食服法】餐时服用。

天门冬配胡萝卜　健脾益肺，滋阴利水

天冬四物汤

【食药材】天门冬10克，胡萝卜200克，冬瓜200克，银耳50克，芥兰600克，淀粉、糖、盐、姜汁等调味品适量。

【膳食制法】

1. 天门冬洗净，用纱布包好，放入砂锅，加水适量，武火烧开，文火煎煮30分钟，去渣取汁，备用。

2. 天冬水煎液泡发银耳，并将银耳掰成小块，备用，冬瓜去皮和籽，切长条，胡萝卜洗净切丝，芥兰的茎部切成寸长，备用。

3. 将冬瓜、银耳、胡萝卜丝、芥兰茎部一起加入药汁烧熟，放盐、糖、姜汁适量后，加淀粉勾芡，即可食用。

【功效与主治】健脾益肺，滋阴利水。适用于水肿、消渴、咳嗽等疾病。对肺肾阴虚所致的小便不利、腰膝酸痛、口渴欲饮、下肢水肿等症状，以及素体阴虚所致的潮热汗出、手足心热、燥咳少痰等症状有一定疗效。现代医学研究表明，对急慢性支气管炎的发作有一定的防治作用。

【膳食服法】餐时服用。

【医学分析】膳食中天冬具有润燥滋阴、清肺降火的作用，历代医家认为，天门冬久服可"轻身益气，延年不饥"。银耳能滋阴润肺、益胃生津。冬瓜生津除烦、清热利水。胡萝卜补益五脏。芥兰养胃护肝。五味相合共奏健脾利湿、滋阴补肺之效。故服用本品对阴虚火旺所致的水肿、消渴、咳嗽等病症有一定疗效。

天门冬配黑豆　滋阴润燥，美容养颜

【食材介绍——黑豆】

黑豆为豆科植物大豆的黑色种子。黑豆具有高蛋白的特性，居各种豆类之首，被誉为"豆中之王"。黑豆含有蛋白质、亚油酸、磷脂、黑豆多糖、异黄酮、皂苷、维生素B_1、维生素B_2、维生素E、钙、磷、铁等多种成分。中医认为，黑豆味甘，性平，入脾、肾、心经，具有活血利水、祛风解毒、健脾益肾的功效。现代医学研究表明，黑豆含有大量的亚油酸，其能降低胆固醇和血液黏稠度，防治高血压、动脉粥样硬化等心脑血管疾病。黑豆中富含维生素E，是一种脂溶性维生素，维生素E与黑豆色素共同发挥着抗氧化和清除机体细胞内自由基的作用，可以减少皮肤皱纹以养颜美容。黑豆多糖也具有清除人体自由基的功效，并能促进骨髓生长与刺激造血功能。黑豆含有大豆异黄酮，其与女性雌激素结构相似，被称为"植物雌激素"，并有较强的抗癌功效。黑豆内的皂苷可以保护DNA，防治遗传物质受损。黑豆中粗纤维的含量较多，常食黑豆可以促进肠胃蠕动，有利于通便。一般人均可食用，尤其适宜于水肿、耳聋、腰膝酸软、动脉硬化、便秘、更年期女性等人群。

天门冬黑豆饼

【食药材】天门冬100克，黑豆粉500克，黑芝麻100克，蜂蜜50克。

【膳食制法】

1. 将天门冬洗净，用纱布包好，放入砂锅，加水适量，武火烧开，文火煎煮30分钟，去渣浓缩取汁，加入蜂蜜熬炼至浓稠。

2. 加入黑芝麻和黑豆粉，待温按成饼状，即可食用。

【功效与主治】滋阴润燥，美容养颜。适用于虚劳、早衰、消渴等疾病。对气阴两虚所致的动则汗出、疲乏无力、少气懒言和阴虚内热所致的口渴多饮、腰膝酸软、手足心热等症状，以及肾精亏虚所致的须发早白、牙齿早脱、面色无华等症状有一定疗效。现代医学研究表明，本方对免疫力低下有一定防治作用。

【膳食服法】餐时服用。

【附注】腹部胀满者不宜多食。

天门冬配白萝卜　滋阴润肺，消食祛痰

天门冬萝卜火腿汤

【食药材】天门冬10克，白萝卜500克，火腿150克，葱花5克，鸡汤500毫升，食盐、胡椒粉等调味品适量。

【膳食制法】

1. 将天冬洗净，用纱布包好，放入砂锅，加水适量，武火烧开，文火煎煮30分钟，去渣取汁，备用。
2. 将火腿切成长条形薄片，萝卜切丝。
3. 将鸡汤及药汁放入砂锅，火腿肉下锅，待汤煮沸，加入萝卜丝。
4. 待萝卜熟透，加食盐、葱花、胡椒粉调味，即可食用。

【功效与主治】滋阴润燥，消食祛痰。适用于咳嗽、肥胖、虚劳等疾病。对肺阴亏虚所致的咳嗽少痰、痰黏难咯、手足心热和饮食停滞所致的恶心欲吐、腹部胀满、不思饮食、大便臭秽等症状，以及痰湿体质所致的体态肥胖、痰多黏腻、周身困重等症状有一定疗效。

【膳食服法】餐时服用。

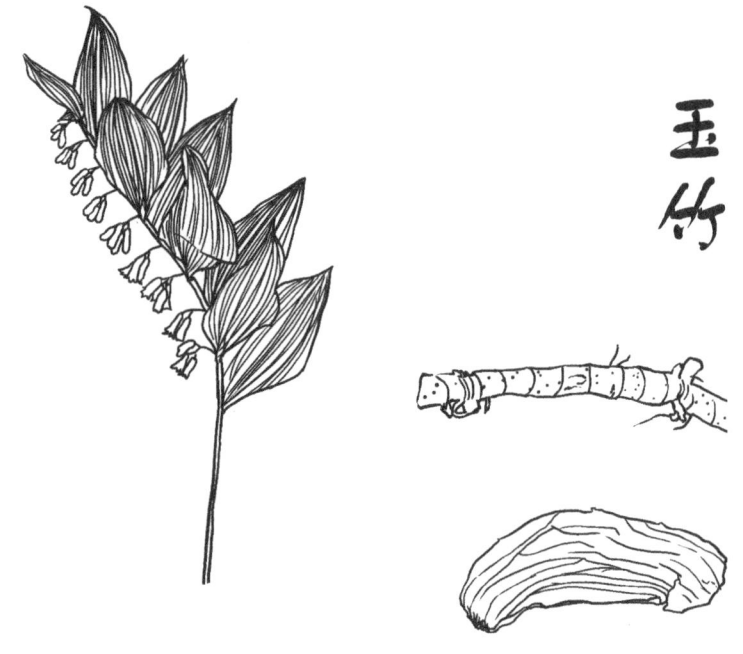

玉竹

【来源】百合科草本植物玉竹的根茎。

【性味归经】甘，微寒。归肺、胃经。

【功效与主治】养阴润燥，益胃生津。适用于肺经阴虚有热所致的干咳少痰、声音嘶哑、咯血等症状，以及胃阴不足所致的口干舌燥、不思饮食、烦热等症状。现代医学研究表明，玉竹具有抗衰老、增强机体免疫力、降血脂、降血糖等作用。

【药理成分】含有甾体皂苷、黄酮、糖苷、微量元素、黏液质、胡萝卜素、维生素等。

【附注】胃有痰湿气滞及脾虚便溏者不宜单独食用。

玉竹配粳米　滋阴润肺，养胃生津

玉竹柿蒂粥

【食药材】玉竹5克，柿蒂3克，粳米50克，食盐等调味品适量。

【膳食制法】

1. 将玉竹、柿蒂洗净，用纱布包好，放入砂锅，加水适量，武火烧开，文火煎煮30分钟，去渣取汁，备用。

2. 将粳米洗净，加入药汁及适量水，煮至粥熟。

3. 加入食盐，搅拌调匀，即可食用。

【功效与主治】养阴益胃，和中止呃。适用于胃痛、呃逆、消渴、咳嗽等疾病。对肺阴亏虚所致的干咳少痰、声音嘶哑、痰中带血和胃阴亏虚所致的喉中呃呃连声、偶有欲吐、食欲不振、胃中嘈杂、烦躁不安等症状，以及阴虚内热所致的口渴欲饮、五心烦热、神疲倦怠等症状有一定疗效。

【膳食服法】餐时服用。

【医学分析】膳食中玉竹性寒质润，功能为养胃阴、润胃燥、止渴除烦。柿蒂降气止呃。粳米养胃气以助药力。三位相配共奏养阴益胃、和中止呃之效。故服用本粥对肺胃阴虚所致的胃痛、呃逆、消渴、咳嗽等病症有一定疗效。

玉竹粳米粥

【食药材】鲜玉竹50克，粳米100克，冰糖等调味品适量。

【膳食制法】

1. 将玉竹洗净，用纱布包好，放入砂锅，加水适量，武火烧开，文火煎煮30分钟，去渣浓缩取汁，备用。
2. 将粳米洗净，加入药汁及适量水，煮至粥熟。
3. 加入冰糖，搅拌调匀，待冰糖溶化，即可食用。

【功效与主治】滋阴润肺，养胃生津。适用于咳嗽、消渴、胃痛等疾病。对肺阴不足所致的干咳少痰、发热咯血、口唇干燥、五心烦热和外感风燥所致的咳嗽咽干、发热恶风等症状，以及肺热津伤所致的口渴欲饮、汗出尿频、乏力疲倦和胃阴不足所致的食欲不振、胃中嘈杂等症状有一定疗效。

【膳食服法】餐时服用。

【附注】痰多者不宜多食。

【医学分析】膳食中玉竹又名葳蕤，性味甘平，质多津液，入肺、胃经，具有补肺养胃的作用。《神农本草经》载："主诸不足，久服去面黑，好颜色润泽，轻身不老。"缪希雍的《本草经疏》曰："能补益五脏，滋养气血，根本既治，余疾自除。夫血为阴而主驻颜，气为阳而主轻身。"《滇南本草》载："补气血，补中健脾。"玉竹常用于治疗温热病后、肺阴不足及肺虚有热所引起的燥咳、咯血等病症，以及胃阴内伤、阴虚内热所致的津少口渴、消谷易饥等病症。与粳米、白糖相配，可滋阴润燥并安中护胃。三味相配共奏滋阴润肺、养胃生津之效。故服用本品对肺阴不足所致的咳嗽、消渴、胃痛等疾病有一定疗效。《粥谱》称"葳蕤粥，治肺虚少气，泽肌肤，疗眵烂泪出"。现代医学研究表明，玉竹含黏液质，水解后产生葡萄糖、果糖、阿拉伯胶糖，另含维生素A、生物碱等，并且玉竹有降血糖和强心作用，可治疗糖尿病和心力衰竭的病人。玉竹与粳米煮粥，可以延长玉竹的有效成分在胃肠内停留时间，有利于药物的充分吸收。

玉竹配猪心 养阴益胃,宁神益智

玉竹烧猪心

【食药材】玉竹10克,猪心500克,韭黄10克,荸荠50克,鸡汤40毫升,葱6克,姜6克,湿淀粉15克,料酒、酱油、白糖、花椒粉、植物油、食盐等调味品适量。

【膳食制法】

1. 将玉竹洗净,用纱布包好,放入砂锅,加水适量,武火烧开,文火煎煮30分钟,去渣浓缩取汁,备用。

2. 将猪心洗净,切薄片,加食盐、湿淀粉搅匀,备用,韭黄洗净切段,荸荠洗净切片,姜、葱切细末,备用。

3. 将料酒、酱油、食盐、花椒粉、白糖、湿淀粉、姜、葱、鸡汤、玉竹浓缩汁调匀制成芡汁,备用。

4. 炒锅武火烧热,加入植物油,放入猪心,滑透后,撒入韭黄段、荸荠,翻炒,加入芡汁,翻炒,即可食用。

【功效与主治】养阴益胃,宁神益智。适用于心悸、不寐、咳嗽、胃痛等疾病。对心血不足所致的心慌不适、夜内难眠、善惊易恐、躁扰不安、面色萎黄等症状,以及胃阴亏虚所致的不思饮食、胃中隐痛、灼痛不适等症状有一定疗效。

【膳食服法】餐时服用。

玉竹配竹笋　养阴清肺，美容养颜

【食材介绍——竹笋】

竹笋，为禾本科植物毛竹的苗。竹笋是中国传统佳肴，味香质脆，被当作"菜中珍品"。竹笋含有蛋白质、碳水化合物、膳食纤维、尼克酸、维生素C、钙、磷、钾等多种成分。中医认为，竹笋味甘性寒，归胃、肺经，具有化痰、消胀、透疹的功效。现代医学研究表明，竹笋含有大量的膳食纤维，可以增加肠道水分的贮留量，促进肠道蠕动、通便排毒以防便秘和肠癌，还能在胃肠内减少人体对脂肪的吸收，降低血脂异常症发生几率，也是肥胖者减肥的良好食材。竹笋含有一种氮类物质，具有促消化、增强食欲的功效，可以防治消化不良、食欲不振等病症。竹笋中含有丰富的植物蛋白、维生素及微量元素，有助于增强机体的免疫功能，提高防病抗病能力。一般人均可食用竹笋，尤其适宜于肥胖、习惯性便秘、血脂异常症、食欲不振等人群。患有骨质疏松、佝偻病、泌尿系统疾病者不宜单独食用。

玉竹烧油豆腐

【食药材】玉竹10克，瘦猪肉250克，竹笋20克，油豆腐8块，水发香菇8个，发菜5克，芹菜心25克，黄酒25毫升，鸡汤250毫升，湿淀粉10克，酱油、食用油、盐、白糖、胡椒粉等调味品适量。

【膳食制法】

1. 将玉竹洗净，用纱布包好，放入砂锅，加水适量，武火烧开，文火煎煮30分钟，去渣浓缩取汁，备用。

2. 把瘦猪肉剁成肉末，竹笋煮熟，芹菜、香菇剁碎，油豆腐切成方形，自切口处挖空。

3. 将准备好的猪肉末、香菇、竹笋、芹菜及黄酒、药汁、胡椒粉、湿淀粉、盐、食用油等调成馅，放入油豆腐中，再用发菜扎紧，防止漏馅。

4. 将鸡汤加水武火烧开，加入油豆腐，加适量酱油、白糖，以文火慢炖，收汁，即可食用。

【功效与主治】养阴清肺，美容养颜。适用于咳嗽、虚劳、消渴等疾病。对肺热阴虚所致的咳嗽咳痰、烦躁不安、手足心热、神疲倦怠和肾虚日久所致的面色无华、须白脱发、腰膝酸软等症状，以及气阴两虚所致的口渴多饮、夜尿频多、潮热汗出等症状有一定功效。本方久服，对美容养颜有一定作用。

【膳食服法】餐时服用。

玉竹配白蘑菇 滋阴清肺，生津止渴

玉参白蘑菇焖老鸭

【食药材】玉竹10克，沙参6克，老鸭1只，白蘑菇50克，葱、生姜、食盐等调味品适量。

【膳食制法】

1. 将老鸭宰杀洗净，切块，放入砂锅。白蘑菇洗净，去梗。生姜切片，葱切段。

2. 将玉竹、沙参洗净，用纱布包好，同白蘑菇、生姜、葱段放入砂锅，加水适量，武火烧开，文火慢炖。

3. 鸭肉将熟时，放入食盐，炖至鸭肉熟透，即可食用。

【功效与主治】滋阴清肺，生津止渴。适用于咳嗽、消渴、喘证、胃痛、便秘等疾病。对肺热阴虚所致的干咳少痰、动辄气喘、躁扰不安、痰中带血、五心烦热和肾阴不足所致的腰膝酸痛、口干口渴、听力减退等症状，以及津亏肠燥所致的大便秘结和胃阴不足所致的胃中嘈杂、不思饮食等症状有一定疗效。

【膳食服法】餐时服用。

北沙参

【来源】伞形科植物珊瑚菜干燥的根。

【性味归经】甘、微苦，微寒。归肺、胃经。

【功效与主治】养阴润肺，益胃生津。适用于肺经有热、灼伤津液所致的干咳少痰、声音嘶哑、口燥咽干等症状，以及胃阴不足所致的胃部隐痛、干呕嘈杂等症状。

【药理成分】含有挥发油、生物碱、淀粉、多糖、香豆素等。

【附注】忌与藜芦同用。

北沙参配粳米　养阴清热，健脾润肺

沙参粳米粥

【食药材】北沙参6克，粳米50克。

【膳食制法】

1. 将沙参洗净，用纱布包好，放入砂锅，加水适量，武火烧开，文火煎煮30分钟，去渣浓缩取汁，备用。

2. 将粳米洗净，与药汁同入砂锅。

3. 煮至粥熟，即可食用。

【功效与主治】养阴清热，健脾润肺。适用于咳嗽、胃痛、肺痿等疾病。对外感风燥所致的干咳少痰、口渴咽干、皮肤干燥、口唇干裂和肺阴亏虚所致的咳嗽少痰、手足心热、潮热汗出等症状，以及胃阴亏虚所致的胃中隐痛、嘈杂似饥、不思饮食等症状有一定疗效。

【膳食服法】餐时服用。

沙参麦冬粥

【食药材】北沙参6克，麦冬3克，粳米100克，冰糖6克。

【膳食制法】

1. 将沙参、麦冬洗净，用纱布包好，放入砂锅，加水适量，武火烧开，文火煎煮30分钟，去渣浓缩取汁，备用。

2. 将粳米洗净，与药汁同入砂锅，煮至粥熟。

3. 加冰糖适量，待冰糖溶化，混匀，即可食用。

【功效与主治】养阴润肺，益胃生津。适用于咳嗽、消渴、便秘等疾病。对肺阴亏虚所致的久咳少痰、口燥咽干、痰中带血、燥热心烦、手足心热、神疲倦怠和胃阴亏虚所致的胃中隐痛、嘈杂似饥、不欲饮食等症状，以及热病津亏所致的口渴欲饮、大便秘结等症状有一定疗效。

【膳食服法】餐时服用。

【附注】糖尿病患者宜将冰糖改换成木糖醇调味。

北沙参配乳鸽 滋补肝肾，益气生津

【食材介绍——乳鸽】

乳鸽，为鸽形目鸠鸽科家鸽的雏鸽。乳鸽鲜美质嫩，有"鸽胜九鸡"之说。乳鸽含有蛋白质、软骨素、碳水化合物、脂肪、维生素A、维生素C、镁、钙、铁等多种成分。中医认为，鸽肉味甘、咸，性平，归肝、肾经，具有滋肾益气、祛风解毒的功效。现代医学研究表明，乳鸽肉有延缓细胞代谢的作用，可以延缓细胞衰老，对脱发、头发早白、未老先衰等有一定预防作用。乳鸽肉可促进血液循环，改变妇女子宫或膀胱倾斜，防止孕妇流产或早产，并能防止男子精子活力减退和睾丸萎缩。另外，乳鸽肝脏有最佳的胆素，可有效帮助人体更高效率地利用胆固醇，防止动脉硬化。乳鸽骨骼富含软骨素，具有改善血液循环、提高皮肤细胞活力、增强皮肤弹性的功效。乳鸽含有的支链氨基酸和精氨酸可促进创伤愈合。此外，常吃鸽肉能防治神经衰弱、改善贫血状态及提升记忆能力。一般人均可食用乳鸽，尤其适宜于动脉硬化、脱发、头发早白、未老先衰、男子不育、睾丸萎缩、记忆力减退、贫血等人群。怀孕中期、发烧者等人群不宜单独食用。

沙参蒸乳鸽

【食药材】北沙参10克，活乳鸽400克（两只），葱5克，姜3克，鲜汤100克，黄酒10克，油、酱油、白糖、香油、淀粉、食盐等调味品适量。

【膳食制法】

1. 将沙参洗净，用纱布包好，放入砂锅，加水适量，武火烧开，文火煎煮30分钟，去渣浓缩取汁，备用。
2. 将乳鸽宰杀，洗净，鸽肉加入酱油、葱、姜、香油、黄酒、药汁，腌制30分钟。
3. 将乳鸽放置油中炸透，沥油，放于蒸盘。
4. 用鲜汤、葱、姜、黄酒、白糖、食盐调汁，加入蒸盘。
5. 待鸽肉蒸至熟烂后，用淀粉勾芡，淋上香油，即可食用。

【功效与主治】滋补肝肾，益气生津。适用于虚劳、泄泻等疾病。对年老脾肾亏虚所致的神疲乏力、腰膝酸痛、烦热汗出、少气懒言、身体消瘦等症状，以及脾胃气虚所致的大便溏薄、食少纳呆、不欲饮食等症状有一定疗效。

【膳食服法】餐时服用。

北沙参配银耳　养阴益气，清肺润燥

沙参银耳粥

【食药材】北沙参6克，银耳10克，粳米100克，白糖等调味品适量。

【膳食制法】

1. 将沙参洗净，用纱布包好，放入砂锅，加水适量，武火烧开，文火煎煮30分钟，去渣浓缩取汁，备用。
2. 银耳温水泡发，去蒂，切碎，备用。
3. 将粳米淘净，放于砂锅内，加药汁、银耳及适量清水。
4. 武火烧开，文火熬至粥熟。
5. 加少许白糖调味，即可食用。

【功效与主治】养阴益气，清肺润燥。适用于咳嗽、虚劳等疾病。对阴虚肺热或外感风燥所致的口唇干燥、皮肤不润、干咳少痰、口渴欲饮、身体瘦弱等症状，以及阴虚火旺所致的潮热汗出、五心烦热、口干欲饮等症状有一定疗效。本方久服，对美容养颜有一定作用。

【膳食服法】餐时服用。

北沙参配鲍鱼　养阴清肺，益胃生津

【食材介绍——鲍鱼】

鲍鱼，又名鳆鱼、镜面鱼，为鲍科动物九孔鲍或盘大鲍的肉。鲍鱼为中国海味之首，是我国传统名贵食材。鲍鱼含有蛋白质、脂肪、维生素A、维生素K、钙、铁等多种成分。中医认为，鲍鱼味甘、咸，性平，具有滋阴清热、益精明目的功效。现代医学研究表明，鲍鱼肉中的鲍灵素能够提高免疫力，破坏癌细胞代谢，有保护机体免疫系统的作用，可以防治癌症。鲍鱼能双向性调节血压，可调整肾上腺分泌。鲍鱼含有丰富的维生素A，维生素A可以提升视力，保护皮肤及促进生长发育。常食鲍鱼，还能防治便秘与月经不调。一般人均可食用鲍鱼，尤其适宜于血压异常、视力减退、头晕、耳鸣、皮肤粗糙、便秘、月经不调等人群。痛风、血脂异常症者等不宜单独食用。

沙参玉竹煲老鸭

【食药材】北沙参6克,玉竹3克,老鸭2000克,鲍鱼2只,葱、姜、盐等调味品适量。

【膳食制法】

1. 将老鸭宰杀,洗净,切块,放入砂锅。
2. 鲍鱼去内脏,洗净,放入砂锅。
3. 沙参、玉竹洗净,纱布包好,葱切段、姜切片一同放入砂锅,加清水适量。
4. 武火烧开,文火慢炖至鸭肉将熟。
5. 加入食盐,炖至鸭肉熟烂,取出药包,加入葱花,即可食用。

【功效与主治】养阴清肺,益胃生津。适用于胃痛、咳嗽、消渴、便秘等疾病。对肺阴亏虚所致的干咳少痰、动辄气喘、口干咽燥、口渴欲饮、夜间汗出、手足心热和肠燥津亏所致的大便秘结、不易排出等症状,以及胃阴不足所致的不思饮食、胃部隐痛、食少纳呆等症状有一定疗效。

【膳食制法】餐时服用。

北沙参配鳕鱼　养阴润肺,生津止渴

【食材介绍——鳕鱼】

鳕鱼,属鳕科动物。鳕鱼含有蛋白质、维生素A、维生素D、DHA、DPA、钙、磷、铁等多种成分。中医认为,鳕鱼味甘,性平,具有活血止痛、通便的功效。现代医学研究表明,鳕鱼肝脏含油量高,鳕鱼的鱼肝油含有DHA、DPA及多种维生素,符合人体每日所需要量的最佳比例,能促进大脑发育、提升智力,其鱼肝油还有抑菌功效。在鳕鱼胰腺中可提取大量胰岛素,有良好的降血糖作用,可防治糖尿病。鳕鱼中有大量维生素D,可以促进钙质吸收。鳕鱼肉是低脂肪、高蛋白食材，并且易于被人体吸收，还含有人体发育所必需的各种氨基酸、钙、磷、铁等微量元素，常食鳕鱼可以有效补充营养，提高机体免疫力，促进身体发育及骨折愈合。一般人均可食用鳕鱼，尤其适宜于儿童、老年人、营养不良者、跌打损伤者等人群。

沙参炖鳕鱼

【食药材】北沙参6克，百合3克，玉竹3克，淮山药5克，鳕鱼肉20克，猪瘦肉500克，食盐、料酒、姜、葱、胡椒粉等调味品适量。

【膳食制法】

1. 将以上中药洗净，用纱布包好，放入砂锅，加水适量，武火烧开，文火煎煮30分钟，去渣浓缩取汁，备用。葱切段，姜切片，备用。

2. 将猪肉洗净，下入沸水，焯掉血水，切成小块。

3. 将猪肉、鳕鱼肉、药汁放入砂锅，加入料酒、葱、姜，加清水适量，以武火煮至沸腾，撇去浮沫，文火炖至猪肉将熟。

4. 拣出药袋、姜、葱，加入盐炖至猪肉熟烂，加胡椒粉调味，即可食用。

【功效与主治】养阴润肺，生津止渴。适用于咳嗽、消渴、虚劳等疾病。对肺燥津伤所致的干咳少痰、咽燥口干、痰中带血、口渴欲饮、夜间汗出、心烦不眠、形体消瘦、少气懒言等症状有一定疗效。

【膳食服法】餐时服用。

北沙参配鹿肺　养阴润肺，止咳化痰

【食材介绍——鹿肺】

鹿肺，为鹿科动物梅花鹿或马鹿的肺。鹿肺含有蛋白质、脂肪、维生素B、钙、磷等多种成分。中医认为，鹿肺味甘，微寒，归肺经，具有补肺止咳、降气祛痰的功效。现代医学研究表明，常食鹿肺对于缓解咳嗽、咳痰等肺部疾病症状有良好作用，并且对心肌供血不足所致的气闷、心慌等症状也有一定功效。一般人均可食用鹿肺，尤其适宜于慢性支气管炎、哮喘、肺气肿、肺心病等人群。

沙参猪心鹿肺汤

【食药材】北沙参10克，玉竹5克，猪心250克，鹿肺500克，葱、姜、花椒、盐等调味品适量。

【膳食制法】

1. 将沙参和玉竹洗净，用纱布包好，备用。猪心、鹿肺切大块，洗净备用。
2. 将药包、猪心、鹿肺、葱、姜、花椒一同放入砂锅，武火烧开，文火慢炖。
3. 煮至猪心将熟，加盐适量，煮至猪心熟透，起锅心肺切片，即可食用。

【功效与主治】养阴润肺，止咳化痰。适用于咳嗽、肺痨、喘证、消渴等疾病。对肺阴亏虚所致的久咳不止、神疲乏力、少痰难咳、痰中带血等症状，以及肺热津伤所致的口渴欲饮、神疲倦怠、皮肤不润等症状有一定疗效。现代医学研究表明，本方对支气管炎有一定防治作用。

【膳食服法】餐时服用。

北沙参配鸡蛋 滋阴润肺，健脾生津

沙参煮蛋

【食药材】北沙参20克，鸡蛋2个，冰糖等调味品适量。

【膳食制法】

1. 将沙参洗净，鸡蛋洗净，加入适量水，武火烧开，文火煎煮。
2. 水沸10分钟，鸡蛋去壳，放入冰糖，再煮10分钟，即可食用。

【功效与主治】滋阴润燥，健脾生津。适用于咳嗽、肺痨、胃痛等疾病。对肺阴不足所致的干咳少痰、痰中带血、咽干口燥等症状，以及胃中津液不足所致的胃部隐痛、食欲不振、不思饮食等症状具有一定疗效。现代医学研究表明，本方对浅表性胃炎有一定防治作用。

【膳食服法】餐时服用。

北沙参配鸭肉　养阴润肺，清热止咳

沙参百合鸭肉汤

【食药材】北沙参10克，百合6克，鸭肉300克，姜、葱、食盐等调味品适量。

【膳食制法】

1. 将沙参和百合洗净，用纱布包好，备用。鸭肉洗净，切成小块，放入砂锅，放入药包，加水适量。

2. 砂锅中放入葱、姜等调料，武火煮开，文火炖鸭肉至将熟，加食盐调味，再煮至鸭熟，即可食用。

【功效与主治】养阴润肺，清热止咳。适用于咳嗽、肺痨等疾病。对阴虚火旺所致的咳嗽咯痰、痰中血丝、痰少难出、手足心热、潮热汗出等症状，以及外感风燥所致的干咳少痰、咽肿口干、声音嘶哑等症状有一定疗效。

【膳食服法】餐时服用。

麦门冬

【来源】百合科草本植物麦冬的块根。

【性味归经】甘、微苦，微寒。归肺、心、胃经。

【功效与主治】养阴润肺，清心除烦，生津和胃。适用于胃阴虚热所致的口干咽燥、胃痛、饥不欲食、呕恶等症状，以及肺燥津伤所致的咽干鼻燥、干咳少痰和心阴虚所致的心烦多梦、怔忡等症状。现代医学研究表明，麦冬能提高免疫力，对多种细菌有抑制作用；能增强垂体肾上腺皮质系统功能，提高机体适应能力，有抗心律失常和扩张外周血管的作用；能提高耐缺氧能力，有降血糖作用。

【药理成分】含有谷甾醇、氨基酸、葡萄糖、维生素、微量元素等。

【附注】风寒咳嗽、腹泻、感冒、胃寒腹痛者不宜单独食用。

麦冬配冰糖　滋阴润肺，化痰止咳

二冬膏

【食药材】天冬500克，麦冬500克，蜂蜜50克，冰糖20克。

【膳食制法】

1. 将麦冬、天门冬洗净，用纱布包好，放入砂锅，加水适量，武火烧开，文火煎煮30分钟，去渣浓缩取汁，备用。

2. 将药汁加入冰糖继续煎煮，浓缩成清膏。

3. 每100克清膏加蜂蜜50克，混匀，即可食用。

【功效与主治】滋阴润肺，化痰止咳。适用于咳嗽、肺痨、便秘、胃痛等疾病。对胃阴虚所致的胃部隐痛、嘈杂似饥、不思饮食和肺燥伤津所致的咳嗽少痰、咽干口燥、五心烦热等症状，以及肠燥津亏所致的大便秘结、难以排出和肺阴亏虚所致的燥咳不止、痰中带血、手足心热、渴喜冷饮等症状具有一定疗效。现代医学研究表明，本方对慢性支气管炎有一定防治作用。

【膳食服法】餐时服用。

【附注】脾胃虚寒、大便溏薄者不宜服用。

【医学分析】膳食中天冬甘苦而寒，长于养阴润肺，兼能滋肾阴、清虚热，对阴虚肺燥的干咳痰少、咽干口渴或肺肾阴虚的劳热咳嗽皆有较好的疗效。麦冬味甘、微苦，微寒，善养阴润肺、益胃生津、清心除烦，其清润肺燥之力较天冬为优，用于阴虚肺燥的咽干鼻燥、干咳痰少及劳热咳嗽等症状，常与天冬相伴为用。蜂蜜及冰糖均可润肺止咳。肺为娇脏，阴虚不能润养，故燥咳痰少；阴虚生内热、虚火上炎，故咽喉燥痛、口鼻干燥。治定养肺阴、润肺燥、清肺热，使肺阴充足、燥热得除，则诸证自愈。如《张氏医通》二冬膏，即以此二味加蜜收膏，共奏滋阴润肺、化痰止咳之效。故服用本品可对肺胃阴虚所致咳嗽、便秘、胃痛、厌食等病症有一定疗效。现代医学研究表明，天冬不仅有镇咳祛痰作用，并对慢性气管炎常见菌株如白色葡萄球菌、肺炎双球菌、甲型链球菌等均有抑制作用，而且有助于老年患者心肺功能的提高和适应环境能力的增强，还对减少体细胞的突变有一定疗效。麦冬有与天冬相似的镇咳、解热、祛痰、消炎、抗菌等作用，亦对老年人心脏功能的提高、适应环境能力的增强及减少体细胞突变等颇有益处，对慢性咽炎、慢性气管炎、肺结核燥咳等有一定的预防和缓解作用。

麦冬配粳米　滋养肺胃，清降虚火

麦冬粳米粥

【食药材】麦冬6克，粳米50克，冰糖等调味品适量。

【膳食制法】

1. 将麦冬洗净，用纱布包好，放入砂锅，加水适量，武火烧开，文火煎煮30分钟，去渣取汁，备用。

2. 将粳米洗净，加入药汁，煮至粥熟。

3. 加入冰糖，待冰糖溶化，搅匀，即可食用。

【功效与主治】滋养肺胃，清降虚火。适用于肺痨、咳嗽等疾病。对肺阴虚所致的干咳不止、痰中带血、口干咽燥、渴喜冷饮等症状，以及胃阴不足所致的嘈杂似饥、纳差食少、形体消瘦等症状有一定疗效。

【膳食服法】餐时服用。

【医学分析】膳食中麦冬气味甘凉，滋肺养胃，清热生津。与粳米、冰糖为粥，善清肺胃虚热。三味相配共奏滋养肺胃、清降虚火之效。《南阳活人书》称"麦门冬粥治劳气欲绝"。《食鉴本草》说："治肺经咳嗽及反胃。"故服用本粥对肺胃阴虚所致的肺结核、消渴等病症有一定疗效。现代医学研究表明，麦冬有祛痰、镇咳、抗结核菌等功效。

麦冬配西瓜 滋阴清热，益气生津

【食材介绍——西瓜】

西瓜，为葫芦科植物西瓜的果实。西瓜为"盛夏之王"，清爽解渴，甘甜多汁。西瓜含有蛋白质、葡萄糖、蔗糖、果糖、苹果酸、瓜氨酸、谷氨酸、精氨酸、尼克酸、胡萝卜素、维生素C、钙、磷等多种成分。中医认为，西瓜味甘，性寒，归心、胃、膀胱经，具有清热解暑、除烦止渴、利小便的功效。现代医学研究表明，西瓜有利尿的作用，吃西瓜后会增加排尿量，进而降低体内胆色素的含量，对防治黄疸有一定功效。西瓜因利尿还能排出盐分，减轻浮肿。西瓜富含钾元素，在夏季随汗水流失的钾可通过食用西瓜以快速补充，避免因钾流失而造成的乏力和倦怠情绪。新鲜的西瓜汁是天然的皮肤调色剂，可以增加皮肤弹性、润泽肌肤。此外，西瓜是夏季解暑止渴的常备之品。一般人均可食用西瓜，尤其适宜夏季食用。腹泻者不宜单独食用。

麦冬花粉西瓜饮

【食药材】麦冬5克，天花粉3克，西瓜汁500毫升。

【膳食制法】

1. 将麦冬、天花粉洗净，用纱布包好，放入砂锅，加水适量，武火烧开，文火煎煮30分钟，去渣浓缩取汁，冷却备用。

2. 药汁加入西瓜汁，混匀，即可饮用。

【功效与主治】滋阴清热，益气生津。适用于咳嗽、中暑、胃痛等疾病。对外感风燥所致的干咳痰少、痰液难咳、口鼻干燥、发热恶寒、口渴多饮等症状，以及胃阴亏虚所致的嘈杂似饥、纳差食少、心烦不眠等症状有一定疗效。现代医学研究表明，本方对热射病有一定防治作用。

【膳食服法】代茶饮。

麦冬配苦瓜 清热泻火，滋阴和胃

【食材介绍——苦瓜】

苦瓜，葫芦科苦瓜属植物苦瓜的果实。苦瓜含有奎宁、苦瓜甙、苦味素、蛋白质、膳食纤维、维生素A、维生素C、维生素B_{17}、钾、磷、硒等多种成分。中医认为，苦瓜味苦，性寒，归心、肝、肺经，具有清暑涤热、明目解毒的功效。现代医学研究表明，苦瓜中的奎宁可以生津止渴、消暑解热。苦瓜甙和苦味素有利于消化和增进食欲。苦瓜汁中含有类似胰岛素作用的成分，具有降低血糖的作用，适宜糖尿病患者食用。苦瓜富含维生素B_{17}，其可以抑制癌细胞，故经常食用苦瓜可防癌症。苦瓜具有减肥消脂的功效，适合减肥者食之。此外，苦瓜汁可护肤洁肤，苦瓜中大量的活性蛋白有助于伤口愈合。一般人均可食用苦瓜，尤其适宜于夏季烦渴者、糖尿病、癌症、减肥等人群。胃肠功能差者不宜单独食用。

麦冬核桃炒苦瓜

【食药材】麦冬6克，核桃仁25克，苦瓜300克，姜5克，葱10克，盐、植物油等调味品适量。

【膳食制法】

1. 将麦冬洗净，用纱布包好，放入砂锅，加水适量，武火烧开，文火煎煮30分钟，去渣浓缩取汁，备用。
2. 将核桃仁洗净，沥干，炸香备用。苦瓜洗净，去瓤，切薄片，备用。葱切段，姜切片。
3. 用武火炒锅烧热，加入植物油，烧至六成热，放入葱、姜爆锅。
4. 加入苦瓜及药汁，待苦瓜熟，加核桃仁、盐，翻炒均匀，即可食用。

【功效与主治】清热泻火，滋阴和胃。适用于消渴、中暑、便秘、痴呆等疾病。对阴虚热盛所致的口渴多饮、口干咽燥、手足心热、夜间汗出和暑热伤津所致的烦热口渴、时有汗出等症状，以及肠燥津伤所致的大便秘结、难以排出和脑髓失养所致的智力减退、睡眠不佳、记忆力减退等症状均有一定疗效。

【膳食服法】餐时服用。

麦冬配银耳　滋阴清热，润肺止咳

麦冬杏仁饮

【食药材】麦冬6克，杏仁3克，银耳20克，盐等调味品适量。

【膳食制法】

1. 将杏仁洗净，捣碎；麦冬洗净，泡发切末，备用。

2. 将银耳洗净，温水泡发，去蒂切碎。

3. 将上三味放入砂锅，加水适量，武火烧开，文火煎煮30分钟，去渣取汁，加食盐调味，即可饮用。

【功效与主治】滋阴清热，润肺止咳。适用于咳嗽、虚劳、消渴等疾病。对肺热津伤所致的咳嗽不止、咳而少痰、口干口渴、神疲倦怠等症状，以及阴虚内热所致的烘然汗出、五心烦热、乏力消瘦等症状均有一定疗效。

【膳食服法】餐时服用。

麦冬配金针菇　滋阴健脾，清心宁神

麦冬百合金菇汤

【食药材】麦冬6克，莲子3克，百合3克，金针菇60克，冰糖等调味品适量。

【膳食制法】

1. 将麦冬、莲子及百合洗净，金针菇洗净并撕开。

2. 将上四味放入砂锅内，加水适量，武火烧开，文火煎煮至莲子熟烂。

3. 加入冰糖调味，即可食用。

【功效与主治】滋阴健脾，清心宁神。适用于心悸、不寐、胃痛等疾病。对阴虚内热所致的心烦不安、烘热汗出、记忆力减退、睡眠欠佳、难以入眠、心慌不适等症状，以及脾胃虚弱所致的胃部隐痛、不思饮食、周身乏力、少气懒言等症状有一定疗效。现代医学研究表明，本方对胃肠功能紊乱有一定的防治作用。

【膳食服法】餐时服用。

麦冬配海虾　益气生津，养阴和胃

麦冬五味虾茸鱿鱼

【食药材】麦冬6克，党参3克，五味子3克，百合3克，鱿鱼250克，虾仁50克，料酒、姜汁、湿淀粉、香油、盐等调味品适量。

【膳食制法】

1. 将以上中药洗净，用纱布包好，放入砂锅，加水适量，武火烧开，文火煎煮30分钟，去渣浓缩取汁。
2. 将鱿鱼水发，打花刀，开水焯下，即刻捞出，入深盘。
3. 虾仁加料酒、姜汁制成虾茸，置于鱿鱼上，加入药汁，上屉蒸20分钟。
4. 将香油、盐、湿淀粉勾芡，浇至鱿鱼上，即可食用。

【功效与主治】益气生津，养阴和胃。适用于虚劳、消渴等疾病。对气血亏虚所致的乏力消瘦、神疲倦怠、气短懒言、过早衰老等症状，以及气阴两虚所致的口干口渴、咽干目赤、口鼻不润等症状有一定疗效。现代医学研究表明，对免疫力低下有一定防治作用。

【医学分析】膳食中党参大补元气，具有滋补抗衰作用。麦冬又名不死草，也是古代常用的延年益寿药物。《神农本草经》中说："轻身不老不饥。"以人参、麦冬为主，配合润燥生津之百合、补肾养心之五味子及益气强身之鱿鱼、虾仁，共奏益气生津、养阴和胃之效。故食用本粥对气血生化乏源所致的虚劳、消渴等病症有一定疗效。各种体质的中老年人食用，均有良好的滋补抗衰作用。

【膳食服法】餐时服用。

【附注】血脂异常者不宜多食。

麦冬配白蚬子 补肺益肾，滋阴补虚

【食材介绍——白蚬子】

白蚬子，为蛤蜊科动物四角蛤蜊或其他种蛤蜊。白蚬子是我国常见的贝类食物。白蚬子含有蛋白质、脂肪、碳水化物、维生素A、尼克酸、钙、磷、铁、碘等多种成分。中医认为，白蚬子味咸，性寒，归胃、肝、膀胱经，具有滋阴、利水、化痰、软坚的功效。现代医学研究表明，白蚬子具有促进排尿、消除水肿的作用，能清除体内毒素和多余的水分，从而促进血液和水分新陈代谢。白蚬子富含碘元素，对于缺碘者不失为一个良好的补碘选择。白蚬子富含蛋白质、维生素及矿物质，营养丰富，滋味鲜美，是良好的营养食材。一般人均可食用，尤其适宜于水肿、小便不畅、地方性甲状腺肿大等人群。胃肠功能较差者不宜单独食用。

麦冬蚬肉汤

【食药材】麦冬10克，白蚬子肉50克，海带丝20克，芹菜段50克，洋葱片20克，姜丝5克，胡椒粉、香油、盐等调味品适量。

【膳食制法】

1. 将麦冬洗净，用纱布包好，放入砂锅，加水适量，武火烧开，文火煎煮30分钟，去渣取汁。

2. 药汁加水适量，加海带丝文火煮10分钟，加芹菜段、洋葱片和白蚬子肉。

3. 汤沸，放入胡椒粉、香油、盐、姜丝调味，再沸即可食用。

【功效与主治】补肺益肾，滋阴补虚。适用于腰痛、虚劳、咳嗽等疾病。对肾阴不足所致的心烦汗出、腰膝酸痛、咳嗽不止、手足心热等症状，以及久病或大病初愈之气血虚弱所致的疲乏无力、气短懒言、面色无华等症状有一定疗效。

【膳食服法】餐时服用。

麦冬配咖啡 养阴生津，润肺宁心

生津咖啡

【食药材】麦冬3克，知母3克，北沙参2克，玉竹2克，咖啡15克，白砂糖6克，纯净水200毫升。

【膳食制法】

1. 将麦冬、知母、北沙参以及玉竹洗净，破碎后加水煎煮，过滤后的滤液浓缩制备成浓度为0.7克/毫升的提取液。

2. 咖啡豆磨成粉末。

3. 将以上提取液加水混匀后，与咖啡粉及白砂糖混合煎煮30分钟，即可饮用。

【功效与主治】养阴生津，润肺清心。适用于咳嗽、呕吐、便秘、心悸等疾病。对肺燥阴虚所致的干咳少痰、咽干舌燥、声音嘶哑和胃阴亏虚所致的干呕时作、口干多饮、饥不欲食、大便干结等症状，以及心阴亏虚所致的心烦失眠、夜间多梦、心慌不适等症状有一定疗效。现代医学研究表明，本方对咳嗽、呕吐、焦虑等病症，尤其对更年期综合征等病症有一定防治作用。

【膳食服法】随时饮用。

五味子

【来源】木兰科植物南五味子和北五味子成熟的干燥果实。

【性味归经】甘、酸,温。归肺、肾、心经。

【功效与主治】益气生津,补肾养心,收敛固涩。适用于肺肾气虚所致的久咳、自汗、盗汗、津伤口渴和肾精不足所致的遗精、滑精等症状,以及脾肾虚寒所致的久泻不止和阴血亏虚所致的心悸、失眠多梦等症状。现代医学研究表明,五味子有降血压、抗氧化、抗衰老、增强免疫力的作用。

【药理成分】含有挥发油、柠檬酸、苹果酸、酒石酸、叶绿素、甾醇、脂肪油、维生素C和维生素E、鞣酸、糖类等。

【附注】表邪未解、内有实热、咳嗽初起、胃有实热者不宜单独食用。

五味子配冰糖　生津止渴，滋阴敛汗

二子益寿茶

【食药材】五味子6克，枸杞子3克，冰糖适量。

【膳食制法】

1. 将枸杞子、五味子去渣洗净，烘干打粗粉。
2. 加入适量冰糖，放入杯中，用沸水冲泡，闷10分钟，即可饮用。

【功效与主治】生津止渴，滋阴敛汗。适用于便秘、虚劳等疾病。对津液亏虚所致的口燥咽干、皮肤无泽、唇燥而裂、小便短少、大便秘结等症状，以及肾阴不足所致的汗出不止、口渴欲饮、腰膝酸软、头晕耳鸣等症状具有一定疗效。现代医学研究表明，本方对早衰有一定的防治作用。

【膳食服法】代茶饮。

五味子配猪肉　健脾益气，生津止渴

五味子干煸里脊丝

【食药材】五味子6克，猪里脊肉250克，葱、姜、蒜、酱油、黄酒、盐、白糖、淀粉、油等调味品适量。

【膳食制法】

1. 将五味子洗净，烘干打细粉，备用。
2. 将猪里脊肉洗净，切成肉丝。大蒜切片，葱、姜切丝，备用。
3. 锅置火上，倒油，烧至六成热，放入肉丝，炸散捞出，沥油。
4. 锅内放少许油，油热后倒入里脊肉丝，加五味子粉、葱、姜、蒜，放黄酒、白糖、酱油，煸炒，加盐调味，放淀粉勾芡，即可食用。

【功效与主治】健脾益气，生津止渴。适用于虚劳等疾病。对津液亏虚所致的口渴欲饮、烦热不安、短气懒言、口干咽燥、鼻燥出血、小便短少等症状有一定疗效。

【膳食服法】餐时服用。

五味子配鸡蛋　温补脾肺，益气止咳

五味子卤蛋

【食药材】五味子10克，鸡蛋2个。

【膳食制法】

1. 将五味子洗净，用纱布包好，放入砂锅，加水适量，武火烧开，文火煎煮30分钟，去渣浓缩取汁。
2. 将鸡蛋洗净煮熟，剥皮。
3. 药汁放入鸡蛋，烧开，浸泡2天，即可食用。

【功效与主治】温补脾肺，益气止咳。适用于咳嗽、喘证等疾病。对肺肾气虚所致的呼多吸少、难以续接、久咳不止、神疲乏力、时有汗出等症状有一定疗效。现代医学研究表明，本方对急、慢性支气管炎有一定防治作用。

【膳食服法】餐时服用。

【附注】咳嗽黄痰者慎服。

五味子配猪肺　敛肺止咳，益气养阴

五味沙参猪肺煲

【食药材】五味子6克，北沙参5克，诃子、藏青果各3克，猪肺1具，食盐等调味品适量。

【膳食制法】

1. 将猪肺洗净，切小块备用。

2. 将以上中药洗净，用纱布包好，放入砂锅，加水适量，武火烧开，文火煎煮30分钟，去渣浓缩取汁。

3. 将猪肺放入药汁中，加水适量，加食盐等调味品。

4. 武火烧开，文火慢炖猪肺至熟，即可食用。

【功效与主治】敛肺止咳，益气养阴。适用于咳嗽、喘证等疾病。对肺气不足或肺气阴两虚所致的慢性咳嗽、痰少难咳、神疲乏力、懒言短气、喘促不止等症状有一定疗效。现代医学研究表明，本方对急、慢性支气管炎有一定防治作用。

【膳食服法】餐时服用。

结　语

秋季天干物燥，万物肃杀，气候干燥而伤阴耗气。《黄帝内经》曰："秋气通肺，娇脏主收，喜润而勿燥。养生之道，在于养肺。肺气内应，使志安宁，收敛神气，养呼吸，顺气通达矣。"秋季万物肃降，内应于肺，此时，人体宜顺应秋天收敛肃降的特点，养护人体肺气。故秋季宜养肺，本册所述药食同源类中药及食材搭配即体现了此思想。此外，笔者依据多年经验，还总结出具有养阴润肺之效的秋季本草健身酒，其食药材包括白酒2升、百合15克、生地黄15克、玄参15克、桔梗15克、麦门冬15克、天门冬10克、去壳龙眼30克、炒紫苏子10克、罗汉果3克、蜜白前3克、苍术3克、浙贝母3克、沙棘子5克、仙鹤草3克。制作工艺是先按照上述比例将所有原料清洗晾干后粉碎过筛、称重，再将中草药粉混合均匀后用纱布包严，和枸杞子一起投入白酒中密封浸泡，每日摇晃1次，15日后即可饮用。此秋季本草健身酒，按照中医学关于人体五脏功能与天气相适应理论中肺主秋的原则，配伍上述原料，具有养阴润肺、清心安神、解毒散结、益胃生津的功效，并可补虚、补气血、抗菌、抗肿瘤。秋季坚持适量饮用，可祛除秋燥之邪，避免肺脏遭受侵袭。

食材索引

【桃花】　　见白芷配桃花 …………… 4

【青茶】　　见桑叶配青茶 …………… 9

【猪肝】　　见桑叶配猪肝 …………… 11

【茼蒿】　　见金银花配茼蒿 …………… 15

【桔梗】　　见金银花配粳米 …………… 16

【莴笋】　　见鱼腥草配莴笋 …………… 21

【玉米须】　见蒲公英配玉米须 …………… 24

【金针菇】　见白茅根配金针菇 …………… 30

【马兰头】　见白茅根配鲜马兰头 …………… 34

【白糖】　　见胖大海配白糖 …………… 48

【雪梨】　　见川贝配雪梨 …………… 52

【红糖】　　见桑白皮配红糖 …………… 65

【豆腐】　　见杏仁配豆腐 …………… 77

【板栗】　　见杏仁配板栗 …………… 79

【腐竹】　　见白果配腐竹 …………… 86

【黄瓜】　　见天门冬配黄瓜 …………… 105

【黑豆】　　见天门冬配黑豆 …………… 107

【竹笋】　　见玉竹配竹笋 …………… 113

【乳鸽】　　见北沙参配乳鸽 …………… 117

【鲍鱼】　　见北沙参配鲍鱼 …………… 119

【鳕鱼】　　见北沙参配鳕鱼 …………… 120

【鹿肺】　　见北沙参配鹿肺 …………… 121

【西瓜】　　　见麦冬配西瓜……………………127

【苦瓜】　　　见麦冬配苦瓜……………………128

【白蚬子】　　见麦冬配白蚬子…………………131

膳食辅助性治疗索引

一、外感病证

1. **感冒**：邪犯肺卫、卫表不和的外感疾病，以鼻塞、流涕、喷嚏、咳嗽、恶寒、发热、全身不适、脉浮为主要特征。

   疏风清热茶 …………………………………… 10
   桑叶韭菜猪肉包子 …………………………… 12
   桑叶荷叶粳米粥 ……………………………… 13
   金银花三鲜粥 ………………………………… 15
   银花桔梗粥 …………………………………… 17
   双花粳米粥 …………………………………… 17
   银花丝瓜饮 …………………………………… 18
   川贝冰糖雪梨 ………………………………… 53
   川贝杏仁雪梨汤 ……………………………… 54
   川贝蜂蜜蒸雪梨 ……………………………… 54
   川贝冰糖饮 …………………………………… 54
   川贝酿雪梨 …………………………………… 55
   杏菊饮 ………………………………………… 73
   百合绿豆汤 …………………………………… 96

2. **中暑**：中暑是在暑热季节、高温和（或）高湿环境下，由于体温调节中枢功能障碍、汗腺功能衰竭和水电解质丢失过多而引起的以中枢神经和（或）心血管功能障碍为主要表现的急性疾病。

   金银花三鲜粥 ………………………………… 15
   百合绿豆汤 …………………………………… 96
   麦冬花粉西瓜饮 ……………………………… 127
   麦冬核桃炒苦瓜 ……………………………… 128

二、肺病证

1. 咳嗽：肺失宣降，肺气上逆作声，咳吐痰液。

白芷四味酒 ……………………………	5
鱼腥草百合煮鸡蛋 ……………………	20
蒲公英粥 ………………………………	24
公英橄榄萝卜粥 ………………………	27
二鲜饮 …………………………………	29
茅根翠衣饮 ……………………………	32
茅根马兰汤 ……………………………	34
柏叶粳米粥 ……………………………	36
白芨莲藕粳米粥 ………………………	41
白芨粳米粥 ……………………………	42
白芨虫草糯米粥 ………………………	43
白芨炖燕窝 ……………………………	43
罗汉果猪肉汤 …………………………	45
罗汉果柿饼汤 …………………………	46
胖大海饮 ………………………………	48
大海银耳蜂蜜羹 ………………………	49
大海银翘饮 ……………………………	50
川贝雪梨炖猪肺 ………………………	52
川贝冰糖雪梨 …………………………	53
川贝杏仁雪梨汤 ………………………	54
川贝蜂蜜蒸雪梨 ………………………	54
川贝冰糖饮 ……………………………	54
川贝酿雪梨 ……………………………	55
贝母蒸甲鱼 ……………………………	56
滋阴清热老鸭 …………………………	57
清热化湿饮 ……………………………	59
竹茹陈皮柿饼饮 ………………………	60
竹茹麦冬饮 ……………………………	61
竹茹粳米粥 ……………………………	62

桑白皮粥	64
桑白皮阿胶粥	66
贝母粳米粥	68
浙贝杏仁饮	69
五味蒸甲鱼	71
杏仁鲫鱼红糖汤	71
杏仁柿蒂饼	72
杏仁冰糖饮	73
杏菊饮	73
杏仁猪肺止咳汤	74
杏仁猪肺粥	74
山药杏仁粥	75
蜜饯双仁	75
杏仁双蜜粥	76
杏仁粥	77
杏仁豆腐汤	78
杏仁梨汁饮	78
四子通便饮	79
四仁白蘑菇蛋花汤	82
白果豆腐粥	84
五味鸡子降气羹	85
白果腐竹粳米粥	87
白果鸭脯	88
银杏蒸猪肘	89
苏子粳米粥	91
二子粳米粥	92
百合糯米粥	94
百合沙参糯米粥	95
百合杏仁粥	95
百合绿豆汤	96
百合肉片	98
百合银耳羹	99
天冬润肺粥	102

天门冬酒	103
天门冬烧麦	104
天冬桂圆炒黄瓜	105
天冬四物汤	106
天门冬萝卜火腿汤	108
玉竹柿蒂粥	110
玉竹粳米粥	111
玉竹烧猪心	112
玉竹烧油豆腐	113
玉参白蘑菇焖老鸭	114
沙参粳米粥	116
沙参麦冬粥	116
沙参银耳粥	118
沙参玉竹煲老鸭	120
沙参炖鳕鱼	121
沙参猪心鹿肺汤	122
沙参煮蛋	122
沙参百合鸭肉汤	123
二冬膏	125
麦冬粳米粥	126
麦冬花粉西瓜饮	127
麦冬杏仁饮	129
麦冬蚬肉汤	131
生津咖啡	132
五味子卤蛋	135
五味沙参猪肺煲	136

2. **喉痹**：指以咽部红肿疼痛，或干燥、异物感，或咽痒不适、吞咽不利等为主要临床表现的疾病。现代医学主要指急、慢性咽炎等。

蒲公英粥	24
蒲公英黑豆粥	26
公英橄榄萝卜粥	27
胖大海饮	48
大海银耳蜂蜜羹	49

　　　　大海银翘饮 …………………………………… 50
　　　　杏仁梨汁饮 …………………………………… 78

　3. **哮病**：发作性痰鸣气喘疾患。发作时喉中有哮鸣音，呼吸气促困难，甚至喘息不能平卧。
　　　　白芨炖燕窝 …………………………………… 43

　4. **喘病**：以呼吸困难甚至张口抬肩、鼻翼煽动、不能平卧为特征的病症。
　　　　白芷四味酒 …………………………………… 5
　　　　白芨炖燕窝 …………………………………… 43
　　　　川贝杏仁雪梨汤 ……………………………… 54
　　　　桑白皮粥 ……………………………………… 64
　　　　桑白皮薏仁粥 ………………………………… 65
　　　　桑白皮阿胶粥 ………………………………… 66
　　　　浙贝杏仁饮 …………………………………… 69
　　　　五味蒸甲鱼 …………………………………… 71
　　　　杏仁猪肺止咳汤 ……………………………… 74
　　　　杏仁猪肺粥 …………………………………… 74
　　　　杏仁双蜜粥 …………………………………… 76
　　　　杏仁粥 ………………………………………… 77
　　　　杏仁豆腐汤 …………………………………… 78
　　　　四仁白蘑菇蛋花汤 …………………………… 82
　　　　白果豆腐粥 …………………………………… 84
　　　　白果腐竹粳米粥 ……………………………… 87
　　　　苏子粳米粥 …………………………………… 91
　　　　二子粳米粥 …………………………………… 92
　　　　玉参白蘑菇焖老鸭 …………………………… 114
　　　　沙参猪心鹿肺汤 ……………………………… 122
　　　　五味子卤蛋 …………………………………… 135

　5. **肺胀**：多于肺咳、哮病等之后发病，因肺气长期壅滞而肺叶膨胀、不能敛降致胀廓充胸，表现为胸中胀闷、咳嗽咳痰、气短而喘。
　　　　五味鸡子降气羹 ……………………………… 85

　6. **肺痈**：肺叶生疮形成脓疮的疾病，以咳嗽、胸痛、发热、咳吐腥臭浊痰甚则脓血相间为主要特征。现代医学主要指肺脓肿等。
　　　　银花桔梗粥 …………………………………… 17

鱼腥草酒 …………………………… 20
　　鱼腥草拌莴笋 ……………………… 22
　　二鲜饮 ……………………………… 29
　　茅根马兰汤 ………………………… 34

7. **肺痨**：具有传染性的慢性虚弱性疾病，以咳嗽、咳血、潮热、盗汗及身体逐渐消瘦为特征。现代医学主要指肺结核。

　　白芨煨猪肺 ………………………… 41
　　白芨莲藕粳米粥 …………………… 41
　　罗汉果猪肉汤 ……………………… 45
　　川贝酿雪梨 ………………………… 55
　　贝母蒸甲鱼 ………………………… 56
　　滋阴清热老鸭 ……………………… 57
　　百合糯米粥 ………………………… 94
　　百合沙参糯米粥 …………………… 95
　　百合肉片 …………………………… 98
　　莲子百合瘦肉煲 …………………… 98
　　百合银耳羹 ………………………… 99
　　天门冬烧麦 ………………………… 104
　　沙参猪心鹿肺汤 …………………… 122
　　沙参煮蛋 …………………………… 122
　　沙参百合鸭肉汤 …………………… 123
　　二冬膏 ……………………………… 125
　　麦冬粳米粥 ………………………… 126

8. **肺痿**：咳喘日久不愈致肺气受损，或肺阴耗伤致肺叶痿弱，临床以长期反复咳浊唾涎沫为主症的慢性肺脏虚损性疾病。

　　白芨煨猪肺 ………………………… 41
　　白芨莲藕粳米粥 …………………… 41
　　白芨炖燕窝 ………………………… 43
　　贝母蒸甲鱼 ………………………… 56
　　滋阴清热老鸭 ……………………… 57
　　沙参粳米粥 ………………………… 116

三、心脑病证

1. **心悸**：心之气血阴阳亏虚，或痰饮瘀血阻滞，致心神失养或心神受扰，出现心中悸动不安不能自主的疾病。临床多呈发作性，每因情志波动或劳累过度而诱发，常伴胸闷、气短、失眠、健忘、眩晕等症。

  百合糯米粥 …………………… 94
  百合杏仁粥 …………………… 95
  糖水百合 ……………………… 96
  天门冬包子 …………………… 103
  玉竹烧猪心 …………………… 112
  麦冬百合金菇汤 ……………… 129
  生津咖啡 ……………………… 132

2. **眩晕**：眼前发花或发晕，感觉自身或外界景物旋转，轻者闭目即止，重者如坐车船、旋转不定、不能站立，或伴有恶心、呕吐、汗出及扑倒等症状。

  桑叶猪肝汤 …………………… 11
  蒲公英玉米须粥 ……………… 25
  蒲公英黑豆粥 ………………… 26
  天冬润肺粥 …………………… 102

3. **不寐**：心神失养或心神不安所致，以经常不能获得正常睡眠为特征。

  四仁白蘑菇蛋花汤 …………… 82
  糖水百合 ……………………… 96
  莲子百合瘦肉煲 ……………… 98
  百合银耳羹 …………………… 99
  天冬桂圆炒黄瓜 ……………… 105
  玉竹烧猪心 …………………… 112
  麦冬百合金菇汤 ……………… 129

4. **痴呆**：痴呆，多由七情内伤、久病年老等病因，导致髓减脑消、神机失用而致，是以呆傻愚笨为主要临床表现的一种神志疾病。

  麦冬核桃炒苦瓜 ……………… 128

四、脾胃肠病证

1. **胃痛**：上腹胃脘部近心窝处发生疼痛的病症。

　　　白芨粳米粥 …………………………………… 42
　　　玉竹柿蒂粥 …………………………………… 110
　　　玉竹粳米粥 …………………………………… 111
　　　玉竹烧猪心 …………………………………… 112
　　　玉参白蘑菇焖老鸭 …………………………… 114
　　　沙参粳米粥 …………………………………… 116
　　　沙参玉竹煲老鸭 ……………………………… 120
　　　沙参煮蛋 ……………………………………… 122
　　　二冬膏 ………………………………………… 125
　　　麦冬花粉西瓜饮 ……………………………… 127
　　　麦冬百合金菇汤 ……………………………… 129

2. **痞满**：由于中焦气机阻滞出现以脘腹满闷不舒为主症的病症。以自觉胀满、触之无形、按之柔软、压之无痛为临床特点。

　　　百合烧鲤鱼 …………………………………… 97

3. **腹痛**：以胃脘以下、耻骨毛际以上部位发生疼痛为主症。

　　　金银花煮酒 …………………………………… 18
　　　鱼腥草酒 ……………………………………… 20
　　　百合烧鲤鱼 …………………………………… 97

4. **呕吐**：胃失和降，气逆于上，迫使胃内容物从口吐出的病症。

　　　竹茹陈皮柿饼饮 ……………………………… 60
　　　竹茹麦冬饮 …………………………………… 61
　　　竹茹粳米粥 …………………………………… 62
　　　四子通便饮 …………………………………… 79
　　　生津咖啡 ……………………………………… 132

5. **呃逆**：胃气上逆动膈，喉间呃呃连声、声短而频、难以自制的病症。

　　　罗汉果柿饼汤 ………………………………… 46
　　　竹茹陈皮柿饼饮 ……………………………… 60
　　　竹茹麦冬饮 …………………………………… 61
　　　杏仁柿蒂饼 …………………………………… 72

玉竹柿蒂粥 …………………………… 110

6. **泄泻**：以排便次数增多、粪质稀溏甚至泻出如水样为主症。

  桑叶韭菜猪肉包子 …………………… 12
  双花粳米粥 …………………………… 17
  白果莲肉乌鸡粥 ……………………… 82
  沙参蒸乳鸽 …………………………… 118

7. **食积**：不思或少思饮食，脘腹胀痛，呕吐酸馊，大便溏泻，臭如败卵。

  公英橄榄萝卜粥 ……………………… 27
  清热化湿饮 …………………………… 59

8. **便秘**：由于大肠传导失司，导致大便秘结，排便周期延长；或周期不长，但粪质干结、排出艰难；或粪质不硬，虽有便意，但排便不畅。

  桑叶韭菜猪肉包子 …………………… 12
  公英橄榄萝卜粥 ……………………… 27
  大海银耳蜂蜜羹 ……………………… 49
  杏仁豆腐汤 …………………………… 78
  四子通便饮 …………………………… 79
  苏子粳米粥 …………………………… 91
  二子粳米粥 …………………………… 92
  天冬润肺粥 …………………………… 102
  天门冬包子 …………………………… 103
  天门冬烧麦 …………………………… 104
  玉参白蘑菇焖老鸭 …………………… 114
  沙参麦冬粥 …………………………… 116
  沙参玉竹煲老鸭 ……………………… 120
  二冬膏 ………………………………… 125
  麦冬核桃炒苦瓜 ……………………… 128
  生津咖啡 ……………………………… 132
  二子益寿茶 …………………………… 134

9. **肥胖**：由于过食、缺乏体力活动等原因导致体内膏脂过多，体重超过一定范围，或伴有头晕乏力、神疲懒言等症状。

  桑叶荷叶粳米粥 ……………………… 13
  天门冬萝卜火腿汤 …………………… 108

五、肝胆病证

耳鸣：耳鸣是在无外界施加声刺激或电刺激时，人的耳内或颅内所产生的一种超过一定时程的声音感觉。

　　白芷四味酒 …………………………… 5

　　柏叶花蕊酒 …………………………… 39

六、肾膀胱病证

1. **水肿**：多种原因导致体内水液潴留、泛滥肌肤，引起眼睑、头面、四肢、腹背甚至全身浮肿的病症。

　　蒲公英玉米须粥 ……………………… 25

　　二鲜鸭肉粥 …………………………… 31

　　茅根豆浆饮 …………………………… 33

　　侧柏煮蛋 ……………………………… 36

　　桑白皮薏仁粥 ………………………… 65

　　桑白皮阿胶粥 ………………………… 66

　　百合烧鲤鱼 …………………………… 97

　　天冬四物汤 …………………………… 106

2. **淋证**：以小便频数短涩、淋漓涩痛、小腹拘急隐痛为主症。

　　蒲公英黑豆粥 ………………………… 26

　　茅根仙鹤粥 …………………………… 29

　　茅根金针饮 …………………………… 30

　　茅根瘦肉羹 …………………………… 33

　　茅根豆浆饮 …………………………… 33

　　茅根马兰汤 …………………………… 34

　　柏叶粳米粥 …………………………… 36

　　侧柏煮蛋 ……………………………… 36

　　柏叶薄饼 ……………………………… 38

3. **癃闭**：以小便量少、点滴而出，甚则闭塞不通为主症。

　　二鲜鸭肉粥 …………………………… 31

4. **遗精**：指不因性生活而精液遗泄的病症。

  白果煮酒 ·················· 85

  白果蒸蛋 ·················· 86

七、气血津液病证

1. **郁证**：由于原本肝旺或体质素弱，复加情志所伤引起气机失常，以心情抑郁、情绪不宁、胸部满闷、胁肋胀痛或易怒善哭、咽中如有异物梗塞等为主要表现。

  莲子百合瘦肉煲 ·················· 98

2. **血证**：各种原因引起的血液不循常道的病症。

  柏叶薄饼 ·················· 38

  川贝雪梨炖猪肺 ·················· 52

  百合银耳羹 ·················· 99

3. **消渴**：由于先天禀赋不足、饮食失节、情志失调、劳倦内伤等导致阴虚内热，以多饮、多食、多尿、消瘦为主要表现。现代医学指糖尿病。

  百合绿豆汤 ·················· 96

  天冬润肺粥 ·················· 102

  天门冬包子 ·················· 103

  天冬四物汤 ·················· 106

  天门冬黑豆饼 ·················· 107

  玉竹柿蒂粥 ·················· 110

  玉竹粳米粥 ·················· 111

  玉竹烧油豆腐 ·················· 113

  玉参白蘑菇焖老鸭 ·················· 114

  沙参麦冬粥 ·················· 116

  沙参玉竹煲老鸭 ·················· 120

  沙参炖鳕鱼 ·················· 121

  沙参猪心鹿肺汤 ·················· 122

  麦冬核桃炒苦瓜 ·················· 128

  麦冬杏仁饮 ·················· 129

  麦冬五味虾茸鱿鱼 ·················· 130

4. 虚劳：又称虚损，以脏腑亏损、气血阴阳虚衰、久虚不复成劳为病机，以五脏虚损为主要临床表现。

白芷炖鱼头	3
桑叶韭菜猪肉包子	12
炸桑叶	12
二鲜鸭肉粥	31
茅根瘦肉羹	33
柏叶莲藕炖猪脚	37
柏叶花蕊酒	39
白芨虫草糯米粥	43
川贝蜂蜜蒸雪梨	54
川贝冰糖饮	54
滋阴清热老鸭	57
桑白皮阿胶粥	66
杏仁鲫鱼红糖汤	71
山药杏仁粥	75
杏仁豆腐汤	78
白果莲肉糯米鸡	83
白果豆腐粥	84
白果腐竹粳米粥	87
银杏蒸猪肘	89
百合沙参糯米粥	95
百合肉片	98
莲子百合瘦肉煲	98
天门冬包子	103
天门冬烧麦	104
天冬桂圆炒黄瓜	105
天门冬黑豆饼	107
天门冬萝卜火腿汤	108
玉竹烧油豆腐	113
沙参蒸乳鸽	118
沙参银耳粥	118
沙参炖鳕鱼	121

麦冬杏仁饮 ················ 129

麦冬五味虾茸鱿鱼 ············ 130

麦冬蚬肉汤 ················ 131

二子益寿茶 ················ 134

五味子干煸里脊丝 ············ 134

5. 积聚：是腹内结块或痛或胀的病证。积属有形，结块固定不移，痛有定处，病在血分，是为脏病；聚属无形，包块聚散无常，痛无定处，病在气分，是为腑病。因积与聚关系密切，故两者往往一并论述。

白芷桃花酒 ················ 4

6. 瘿病：由于情志、饮食、水土失宜，以至气滞、痰凝、血瘀壅结颈前，引起以颈前喉结两旁结块肿大并随吞咽而活动为主要临床特征的疾病。

贝母粳米粥 ················ 68

八、经络肢体病证

1. 头痛：外感邪气或内伤致头部脉络拘急或失养，使清窍不利，以自觉头痛为主症。

白芷炖鱼头 ················ 3

白芷四味酒 ················ 5

杏菊饮 ··················· 73

2. 痹证：感受风寒湿邪，痹阻脉络，气血运行不畅，引起以肢体关节疼痛、肿胀、酸楚、麻木及活动不利为主要症状的疾病。

银花丝瓜饮 ················ 18

金银花煮酒 ················ 18

鱼腥草百合煮鸡蛋 ············ 20

3. 腰痛：因外感、内伤或外伤导致腰部气血运行不畅，或失于濡养，引起腰脊及腰脊两旁疼痛的病症。

麦冬蚬肉汤 ················ 131

九、外科疾病

1. 疮疡：由毒邪内侵、邪热灼血以致气血凝滞而成的体表化脓感染性疾病。

蒲公英玉米须粥 ·············· 25

　　　　茅根金针饮 …………………………………… 30
　2．**痔疮**：痔是直肠下端的肛垫出现了病理性肥大。
　　　　鱼腥草百合煮鸡蛋 …………………………… 20
　3．**乳癖**：乳房有形状大小不一的肿块或疼痛，主要指与月经周期相关的乳腺组织的良性增生性疾病。
　　　　蒲公英粥 ……………………………………… 24
　　　　蒲公英黑豆粥 ………………………………… 26
　4．**雀斑**：发生面部皮肤上的黄褐色点状色素沉着斑。
　　　　白芷桃花酒 …………………………………… 4
　　　　美容亮白汤 …………………………………… 6

十、妇科疾病

　1．**痛经**：指行经前后或月经期出现下腹部疼痛、坠胀，伴有腰酸或其他不适，症状严重影响生活质量者。
　　　　白芷桃花酒 …………………………………… 4
　2．**带下病**：带下的量、色、质、味发生异常，或伴全身、局部症状者，称为"带下病"。
　　　　山药杏仁粥 …………………………………… 75
　　　　白果莲肉乌鸡粥 ……………………………… 82
　　　　白果莲肉糯米鸡 ……………………………… 83
　　　　白果煮酒 ……………………………………… 85
　　　　白果蒸蛋 ……………………………………… 86
　　　　白果腐竹粳米粥 ……………………………… 87
　　　　白果鸭脯 ……………………………………… 88